技工院校一体化课程教学改革 机械设备维修 / 模具制造 专业教材

零件加工（一）

人力资源和社会保障部教材办公室组织编写

中国劳动社会保障出版社

内容简介

本书主要内容包括榔头制作、锯弓制作、划规制作、压板制作、平板制作、V型铁制作、刀口角尺制作、铰手架制作八个学习任务。

图书在版编目(CIP)数据

零件加工．1/人力资源和社会保障部教材办公室组织编写．—北京：中国劳动社会保障出版社，2012

技工院校一体化课程教学改革机械设备维修/模具制造专业教材

ISBN 978-7-5045-9941-4

Ⅰ．①零… Ⅱ．①人… Ⅲ．①零部件-加工-技工学校-教材 Ⅳ．①TH13

中国版本图书馆CIP数据核字(2012)第194035号

中国劳动社会保障出版社出版发行

（北京市惠新东街1号　邮政编码：100029）

出版人：张梦欣

*

北京市艺辉印刷有限公司印刷装订　新华书店经销

787毫米×1092毫米　16开本　18.25印张　433千字

2012年9月第1版　2021年5月第6次印刷

定价：49.00元

读者服务部电话：(010) 64929211/84209101/64921644

营销中心电话：(010) 64962347

出版社网址：http://www.class.com.cn

http://jg.class.com.cn

技工院校一体化课程教学改革教材编委会名单

编审委员会

主　任：王晓初

副主任：吴道槐　张　斌　张梦欣　金　龄　张亚男　王晓君

委　员：冯　政　田　丰　翟　涛　万　象　何绪军　刘　春　王雪宁
蔡　兵　陈　蕾　蒋燕辰　刘素华

编审人员

主　编：宋军民

参　编：邓　敏　孙海峰　齐付普　张政梅　陈福恒　黄　伟　刘伟标
王美珍　刑宝亮　王渝涛

主　审：陈立群

顾　问：朱永亮　张利芳　张晓梅

■ 序

人才是我国经济社会发展的第一资源，技能人才是人才队伍的重要组成部分。党中央、国务院高度重视技能人才队伍建设工作，2009 年 12 月，胡锦涛总书记在视察珠海市高级技工学校时指出："没有一流的技工，就没有一流的产品"、"技能型人才在推进自主创新方面具有不可替代的重要作用"。技工院校是系统培养技能人才的重要基地。多年来，技工院校始终紧紧围绕国家经济发展和劳动者就业，以满足经济发展和企业对技术工人的需求为办学宗旨，形成了鲜明的办学特色，为国家培养了大批生产一线技能劳动者和后备高技能人才。

当前，我国处于全面建设小康社会的关键时期，随着加快转变经济发展方式、推进经济结构调整以及大力发展高端制造产业等新兴战略性产业，迫切需要加快培养一大批具有精湛技能和高超技艺的技能人才。为了遵循技能人才成长规律，切实提高培养质量，进一步发挥技工院校在技能人才培养中的基础作用，从 2009 年开始，我部借鉴国内外职业教育先进经验，在全国 17 个省（区、市）的 30 所技工院校启动了一体化课程教学改革试点工作，推进以职业活动为导向，以校企合作为基础，以综合职业能力培养为核心，理论教学与技能操作融合贯通的一体化课程教学改革。这项改革试点将传统的以学历为基础的职业教育转变为以职业技能为基础的职业能力教育，促进了职业教育从知识教育向能力培养转变，努力实现"教、学、做"融为一体，收到了积极成效。改革试点得到了学校师生的充分认可，普遍反映一体化课程教学改革是技工院校一次"教学革命"，学生的学习热情、教学组织形式、教学手段和学生的综合素质都发生了根本性变化。试点的成果表明，一体化课程教学改革是转变技能人才培养模式的重要抓手，是推动技工院校改革发展的重要举措，也是人力资源社会保障部门加强技工教育和在职业培训工作的一个重点项目。

教学改革的成果最终要以教材为载体进行体现和传播。根据我部推进一体化课程教学改革的要求，一体化课程改革专家、几百位试点院校的骨干教师以及中国人力资源和社会保障出版集团的编辑团队，用了三年多的时间，组织实施了一体化课程教学改革试点，并将试点中形成的课程成果进行了整理、提炼，汇编成“活页”教材。这套教材不仅在形式上打破了传统教材的编写模式，而且在内容上突破了传统教材的结构体例，在国内职业教育培训教材领域中均属首创。这套教材及配套资料的出版，不仅是本次一体化课程教学改革试点工作的阶段性总结，也是一体化课程教学改革不断深化和全面推广的一个起点。希望全国技工院校将一体化课程教学改革作为创新人才培养模式、提高人才培养质量的重要抓手，进一步推动教学改革，促进内涵发展，提升办学质量，为加快培养合格的技能人才作出新的更大贡献！

人力资源和社会保障部副部长

王晓初

二〇一二年八月

活页式教材使用说明

◆ 页码编排方式

为了更加方便地在教材中增删和替换内容，页码采用“学习任务编号－学习活动编号－页码号”三级编排形式，如“3–2–4”表示“学习任务三”的“学习活动2”的第4页。

◆ 过程评价表使用方法

教材中设计了“自评表”、“互评表”、“教师总评表”、“综合评价表”等评价表格，表头上有“班级”、“姓名”、“学号”等信息栏，从活页教材中取出评价表填写后可以单独提交。

◆ 教材内容更新方法

中国人力资源和社会保障出版集团将根据一体化课程教学改革的推进以及科学技术的发展和不同地域的需要，不断补充和更新教材中的学习任务和学习活动，学校可以从“技工院校一体化教学资源网（http：//yth.cott.org.cn）”下载（需在网站注册）。通过网站还可以了解到更多的一体化课程教学改革信息和下载相关资源。

◆ 便携式活页夹和 PVC 保护板使用方法

使用教材中附赠的便携式活页夹，可以灵活方便地将教材中部分内容携带至一体化教学场地。教材内附的整张 PVC 保护板可以作为学习记录垫板使用。

◆ 参考用书选用方法

在学习过程中，学生需要查阅大量参考资料，下表为中国人力资源和社会保障出版集团出版的适宜本专业一体化教学使用的参考书目录。

机械设备维修 / 模具制造专业一体化教学参考书目录（中级阶段）

序号	书号	书名
1	978-7-5045-9709-0	机械制图（少学时）（双色印刷）
2	978-7-5045-9690-1	机械基础（少学时）（双色印刷）
3	978-7-5045-9677-2	金属材料与热处理（少学时）（双色印刷）
4	978-7-5045-9717-5	极限配合与技术测量基础（少学时）（双色印刷）
5	978-7-5045-9689-5	机械制造工艺基础（少学时）（双色印刷）
6	978-7-5045-9713-7	工程力学（少学时）（双色印刷）
7	978-7-5045-9668-0	电工学（少学时）（双色印刷）
8	978-7-5045-9049-7	机修钳工工艺与技能　学生用书 II　基础知识
9	978-7-5045-6877-9	模具钳工工艺学
10	978-7-5045-6934-9	模具钳工技能训练

目　录

任务一　榔头制作

学习目标

1. 能说出钳工工作特点及主要任务。

2. 能说出钳工场地的设备，能严格遵守钳工场地安全规章制度，能按要求规范穿戴劳保用品。

3. 能看懂图样，能根据毛坯分析出所需去除的余量。

4. 能查阅相关资料，解释常用材料牌号的含义。

5. 能读懂加工工艺步骤，能用专业术语进行交流。

6. 能正确选用并使用合适的划线工具和辅具。

7. 能根据材料要求刃磨錾削工具，并能正确使用工具完成表面加工。

8. 能根据加工材料、加工条件选用锯条，并能正确安装使用锯削工具去除多余材料。

9. 能根据加工材料、加工条件选用锉刀，并能正确安装使用锉削工具去除多余材料。

10. 能根据加工要求合理选择麻花钻，并能安全操作钻床，完成孔加工。

11. 能正确使用游标卡尺、刀口直尺、刀口角尺对加工零件进行检测，并能对所使用的量具按要求进行日常保养。

12. 能根据检测结果与图样进行比较，判别零件是否合格。

13. 能编制简单零件的热处理工艺。

14. 能根据现场管理规范要求，清理场地，归置物品。

15. 能按环保要求处理废弃物。

16. 能写出工作总结并进行作品展示。

建议学时

60 学时

工作情境描述

某师傅在生产过程中发现缺少一把称手的小榔头，根据实际需要他设计了榔头的零件图，如下图所示。考虑到只是单件生产，所以采用钳加工的方法来完成。现在把任务安排给你，试通过手工操作来完成该小榔头的制作。

零件图

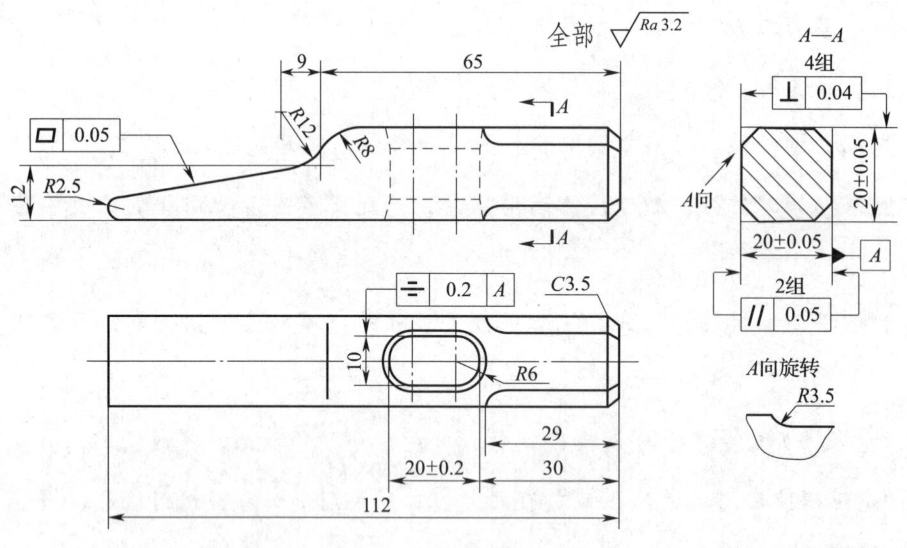

技术要求

1. 材料：45 钢；

2. 榔头两端淬硬。

模型图

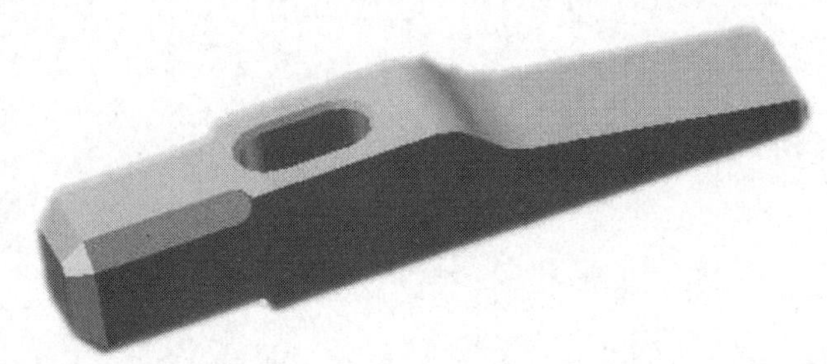

工作流程与活动

在接受工作任务后，应首先了解工作场地的环境、设备管理要求，穿着符合劳保要求的服装，在老师的指导下，读懂图纸、分析出加工工艺步骤、正确使用工量具、按图样要求，采用划线、錾削、锯割、锉削、孔加工、抛光以及简单的热处理等加工方法，使用游标卡尺、角尺、直尺进行检测，独立完成榔头制作，并能按现场管理规范要求清理场地，归置物品，按环保要求处理废弃物。

◇ 学习活动 1　钳工认知（6 学时）

◇ 学习活动 2　抄画榔头加工图样（6 学时）

◇ 学习活动 3　写出榔头加工工艺步骤（2 学时）

◇ 学习活动 4　榔头划线（4 学时）

◇ 学习活动 5　錾削榔头表面（6 学时）

◇ 学习活动 6　锯去榔头表面多余材料（6 学时）

◇ 学习活动 7　锉削榔头表面并成形（18 学时）

◇ 学习活动 8　加工榔头手柄安装孔（6 学时）

◇ 学习活动 9　榔头表面处理（3 学时）

◇ 学习活动 10　工作总结、成果展示、经验交流（3 学时）

学习活动1　钳 工 认 知

学习目标

- 能说出钳工场地的设备及安全规章制度。
- 能严格遵守安全规章制度，按要求规范穿戴劳保用品。
- 能写出钳工工作性质、内容及主要任务。
- 能说出6S管理规范的主要内容。

建议学时：6学时

学习准备

钻床安全操作规程、砂轮安全操作规程、场地安全规章制度、相关视频、工作服、工作帽、教材。

学习过程

1．在进入工作场地前，需要穿戴好劳保用品，仔细观察下图，指出着装有无问题，并说出应如何合理着装?

a)

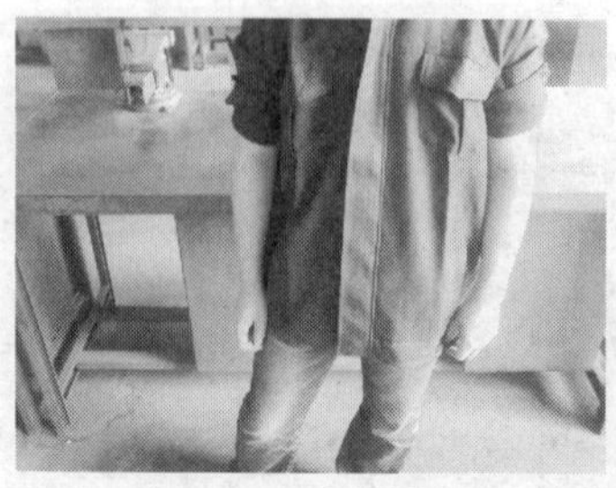

b)

c)

a 图问题：

b 图问题：

c 图问题：

如何合理着装？

2. 在工作场地中，经常会发现一些现场管理规章制度和设备操作规程，在参观的过程中把这些制度抄录下来。

（1）钳工工作场地管理规章制度。

（2）钻床操作规程。

（3）砂轮操作规程。

3. 下表列出了钳工主要设备的一些图例，通过参观、观看相关视频及查阅资料，写出它们的名称及用途。

图例	设备名称	规格	用途	备注
		×		

续表

图例	设备名称	规格	用途	备注

4. 钳工是机械制造业中常见的一个工种，通过视频学习和查阅资料，回答下列问题。

（1）钳工的定义：

（2）钳工有哪几类?

（3）钳工有哪些任务?

5. 钳工是手工操作的一个工种，它的操作内容较多，下表图例中是常见的一些操作，通过观看视频了解其操作方法的要点及对应的主要工具。

图例	操作方法的要点	主要工具
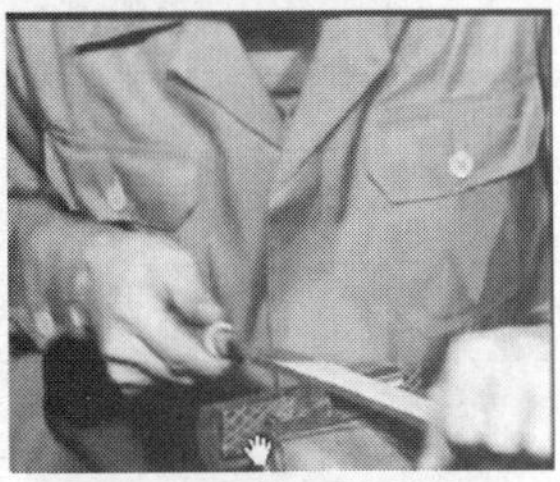		
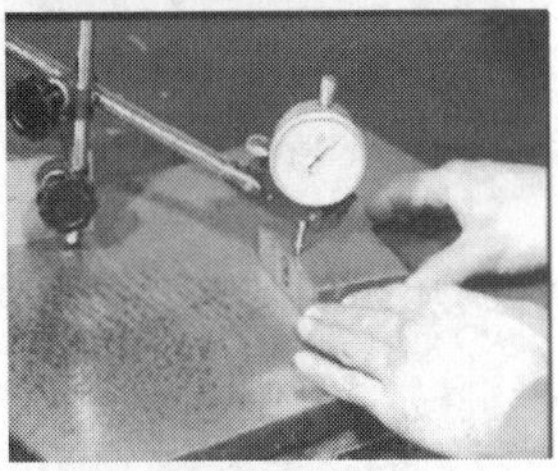		

6. 查阅资料，写出6S管理规范的含义和目的。

序号	名称	含义	目的
1	整理（SEIRI）		
2	整顿（SEITON）		
3	清扫（SEISO）		
4	清洁（SEIKETSU）		
5	素养（SHITSUKE）		
6	安全（SECURITY）		

7. 查阅资料，分组讨论。

随着机械工业的日益发展，许多繁重的手动加工工作已被机械加工所代替，是否意味着钳工已经没有存在的价值？查阅相关资料，了解并讨论钳工在机械制造业中的地位及发展趋势。

时间		主题	钳工在机械制造业中的地位及发展趋势
主持人		成员	
讨论过程			
结论			
个人职业规划			

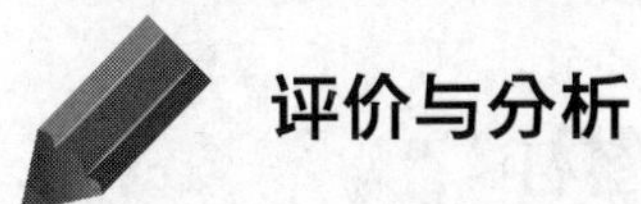

评价与分析

活动过程评价表

班级		姓名		学号		日期	年 月 日
序号	评价要点				配分	得分	总评
1	能说出钳工场地要求				10		A□（86－100） B□（76－85） C□（60－75） D□（60 以下）
2	能说出钳工常用设备安全使用规程				15		
3	劳保用品穿戴整齐，着装符合要求				10		
4	能说出钳工操作内容				15		
5	能说出钳工工作任务				15		
6	能说出 6S 管理内容				15		
7	与同学之间能相互合作				10		
8	能严格遵守作息时间				5		
9	及时完成老师布置的任务				5		
小结 建议							

学习活动2　抄画榔头加工图样

学习目标

- 能看懂榔头加工图样。
- 能解释图样中零件的牌号。
- 能正确抄画榔头加工图样。

建议学时：6学时

学习准备

榔头的零件图、绘图工具、图纸、教材。

学习过程

1. 认真识读榔头零件图，分析榔头是由哪几个基本形状组成的？写出各形状的基本尺寸。

序号	基本形状	基本尺寸
1		
2		
3		
4		
5		
6		

2. 下表中列出了图纸上使用的不同类型的线条，试抄画它们，并写出其名称、线宽及一般应用。

名称	图线形式	线宽	抄画	一般应用
粗实线	d	d		
	≈3 6~24 ≈1			
	2~6 ≈1			

3. 查阅相关资料写出图样中各种符号的含义。

ϕ：____________ R：____________ S：____________

4. 图样上 $C3.5$ 的标注表示什么含义？

5. 从图上找出圆弧 $R12$ mm、圆弧 $R8$ mm 和腰孔的位置，并填写下表。

序号	基本形状	定位尺寸	定位基准
		定义：	定义：
1	圆弧 $R12$ mm		
2	圆弧 $R8$ mm		
3	腰孔		

6. 零件图上必须注出足够的尺寸，才能明确形体的实际大小和各部分的相对位置。查阅相关资料，并结合榔头图样写出尺寸标注时应注意哪些问题？

7．榔头材料的牌号是45 钢，查阅相关资料阐述该牌号的含义及应用范围。

45 钢的含义：

45 钢的应用范围：

8．下表图示列出了常用的绘图工具，说出它们的名称及用途。

序号	图示	名称	用途
1	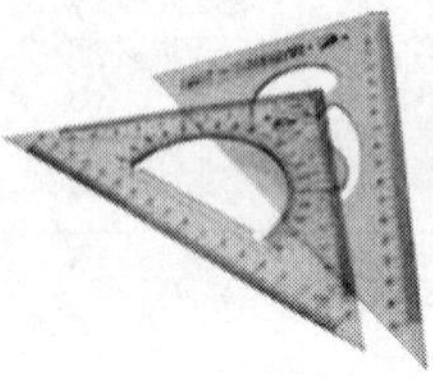		
2	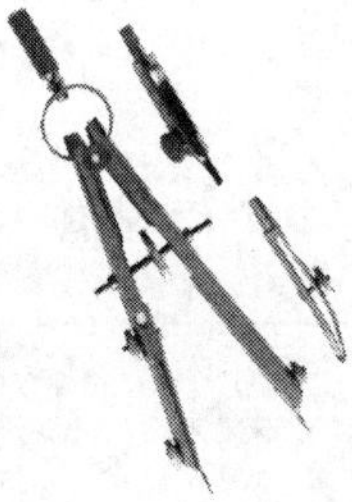		
3			
4	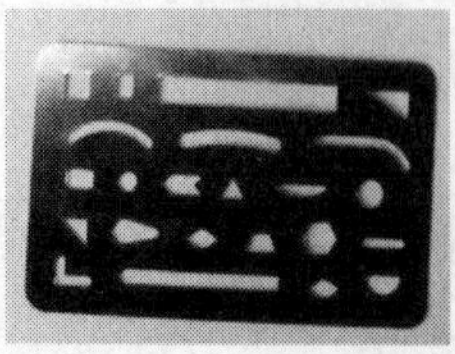		

9. 在两条直线上分别选定圆心位置，分别作直径为 16 mm、24 mm 的圆，然后作一圆弧与两圆外切，并进行标注。

10. 通过抄画榔头图样，总结抄画图样的步骤及注意事项。

11. 查阅资料，分组讨论。

除 45 钢以外，生产、生活中还大量运用到了其他金属材料，它们的牌号、性质及用途如何呢？结合日常生活用品，列举不少于三种金属材料的牌号、性质及用途。

<table>
<tr><td>时间</td><td></td><td>主题</td><td>金属材料的牌号、性质及用途</td></tr>
<tr><td>主持人</td><td></td><td>成员</td><td></td></tr>
<tr><td rowspan="5">结果
记录</td><td>牌号</td><td>性质</td><td>用途</td></tr>
<tr><td></td><td></td><td></td></tr>
<tr><td></td><td></td><td></td></tr>
<tr><td></td><td></td><td></td></tr>
<tr><td></td><td></td><td></td></tr>
</table>

评价与分析

活动过程评价表

班级		姓名		学号		日期	年 月 日
序号	评价要点				配分	得分	总评
1	能分析出榔头的图形特点及基本尺寸				5		A□（86－100） B□（76－85） C□（60－75） D□（60 以下）
2	能说出图样中线条的名称及作用				5		
3	能说出图样上符号的含义				5		
4	能分析定位尺寸及基准				5		
5	能说出尺寸标注的基本原则				5		
6	能解释牌号 45 钢的性能及用途				5		
7	抄画的图样布局合理				10		
8	抄画的图样线条清晰，完整				15		
9	抄画的图样尺寸正确				15		
10	抄画的图样尺寸标注合理、正确				15		
11	与同学之间能相互合作				5		
12	能严格遵守作息时间				5		
13	及时完成老师布置的任务				5		
小结建议							

学习活动3 写出榔头加工工艺步骤

学习目标

- 能说出榔头加工的操作内容。
- 能写出榔头加工工艺步骤。

建议学时：2 学时

学习准备

工艺步骤文件、教材、视频。

学习过程

1. 通过观看榔头加工视频，说出加工过程中采用了哪些机械加工方法？

2. 下图所示为榔头制作的步骤，查阅相关资料，解释相关名词术语。

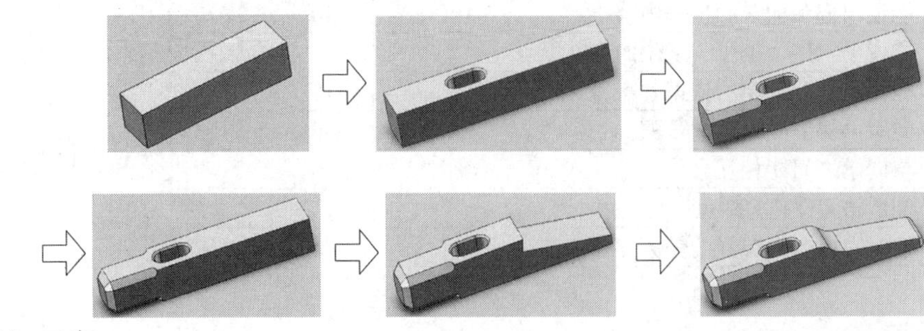

（1）工序：

（2）工位：

（3）工步：

3．分析榔头加工过程中包含几个工序，并说出划分工序的依据是什么？

4．小组讨论并写出榔头加工工艺步骤。

榔头加工工艺步骤				
工序	工步	操作内容	精度要求	主要工量具

评价与分析

活动过程评价表

<table>
<tr><td>班级</td><td colspan="2"></td><td>姓名</td><td></td><td>学号</td><td></td><td>日期</td><td>年　月　日</td></tr>
<tr><td>序号</td><td colspan="5">评价要点</td><td>配分</td><td>得分</td><td>总评</td></tr>
<tr><td>1</td><td colspan="5">能说出榔头加工的操作内容</td><td>10</td><td></td><td rowspan="7">A□（86－100）
B□（76－85）
C□（60－75）
D□（60 以下）</td></tr>
<tr><td>2</td><td colspan="5">能说出工序、工步、工位的含义</td><td>15</td><td></td></tr>
<tr><td>3</td><td colspan="5">能说出划分工序的依据</td><td>15</td><td></td></tr>
<tr><td>4</td><td colspan="5">能写出榔头加工工艺步骤</td><td>30</td><td></td></tr>
<tr><td>5</td><td colspan="5">与同学之间能相互合作</td><td>20</td><td></td></tr>
<tr><td>6</td><td colspan="5">能严格遵守作息时间</td><td>5</td><td></td></tr>
<tr><td>7</td><td colspan="5">及时完成老师布置的任务</td><td>5</td><td></td></tr>
<tr><td>小结
建议</td><td colspan="8"></td></tr>
</table>

学习活动4　榔头划线

学习目标

- 能合理选择划线基准。
- 能掌握常用划线工具的使用方法。
- 能对榔头进行划线。

建议学时：4 学时

学习准备

划线工具、工件材料、教材。

学习过程

1. 划线是机械加工的重要工序之一，查阅资料说出划线的作用及要求。

2. 如果将 ϕ30 mm × 120 mm 的圆钢加工成四方件，用图示方法表达出划线的方法，并指出划线基准是什么？

3. 上题中，选择划线基准的依据是什么？

4. 查阅相关资料，在括号中填写图示划线工具的名称并写出其功能特点。

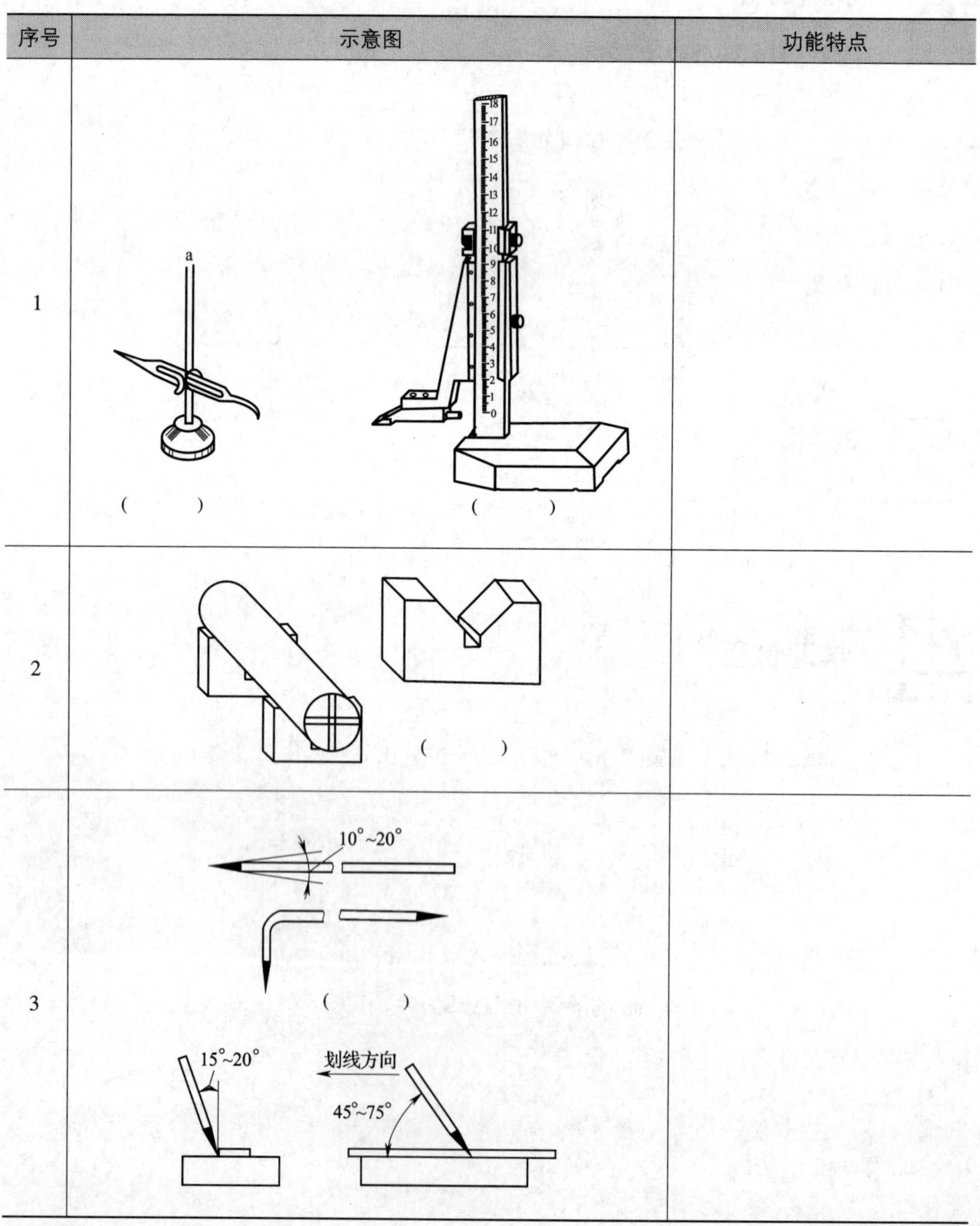

序号	示意图	功能特点
1	（　　）　（　　）	
2	（　　）	
3	（　　）	

续表

序号	示意图	功能特点
	60°　(　　)	
4	工件 平板 样冲眼　线条	
5	(　　)	
6	(　　)	

5. 用如图 a 所示的方法，把图 b 中所需打的样冲眼用黑点表示出来。

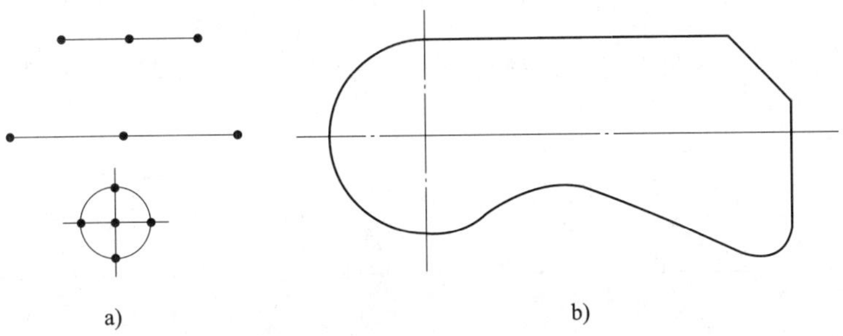

a)　　　　b)

6. 分组讨论，写出榔头的划线步骤。

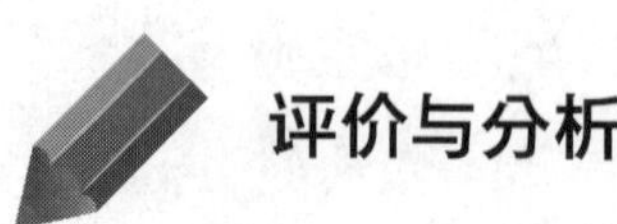

评价与分析

活动过程评价表

班级		姓名		学号		日期	年　月　日
序号	评价要点				配分	得分	总评
1	能说出划线的作用及要求				5		A□（86－100） B□（76－85） C□（60－75） D□（60 以下）
2	能说出划线基准的选择依据				5		
3	能说出划线工具的名称及功能特点				5		
4	能写出划线步骤				10		
5	能正确使用划线工具				15		
6	划出的线条清晰均匀				20		
7	划出的线条尺寸准确				20		
8	与同学之间能相互合作				10		
9	能严格遵守作息时间				5		
10	及时完成老师布置的任务				5		
小结建议							

学习活动 5　錾削榔头表面

学习目标

- 能掌握錾削的基本站立姿势及握錾、握锤方法。
- 能正确选择錾子切削角度并正确刃磨。
- 能完成榔头表面的錾削加工。

建议学时：6 学时

学习准备

宽錾、硬头手锤、砂轮机、教材。

学习过程

1. 通过查阅相关资料，并结合下列图示，说出錾削的应用场合。

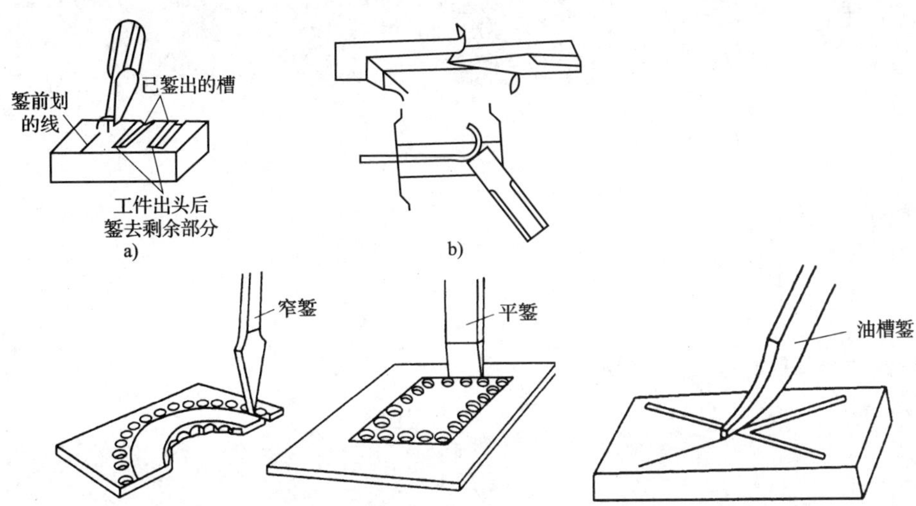

a 图：

b 图：

c 图：

d 图：

2. 錾子是錾削中常用的工具，查阅相关资料，正确填写下表中各类錾子的名称及应用。

序号	图示	名称	应用
1			
2			
3			

3. 下图中，錾削站立姿势正确的是？查阅相关资料，了解錾削时正确站立姿势的要点，以及正确站立姿势对加工的影响。

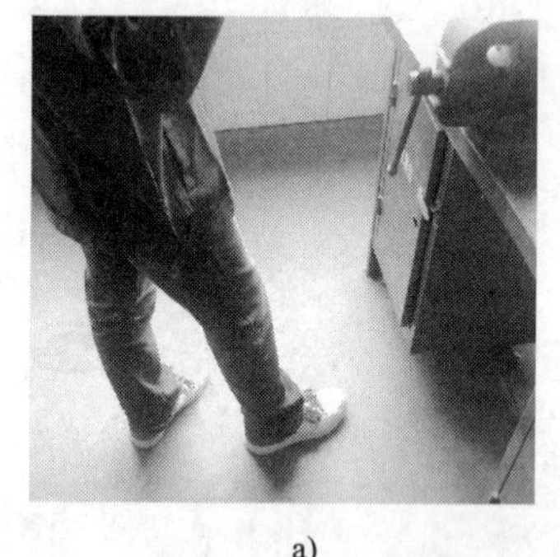
a)

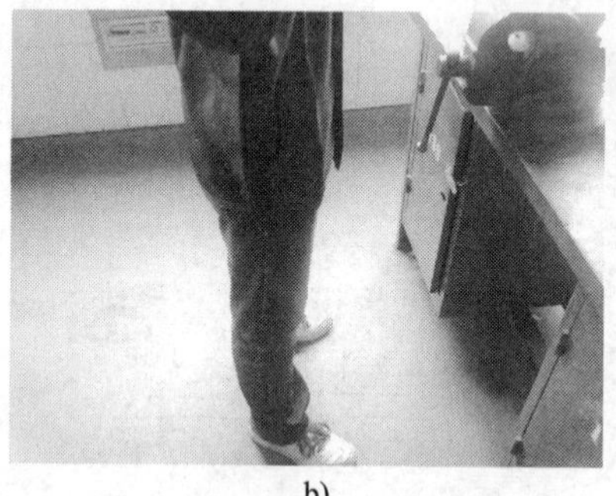
b)

c)

正确站立姿势是：图________。

正确站立姿势的要点是：

正确站立姿势对錾削加工的影响是：

4. 写出下列图示錾削时握錾和握锤的方法。

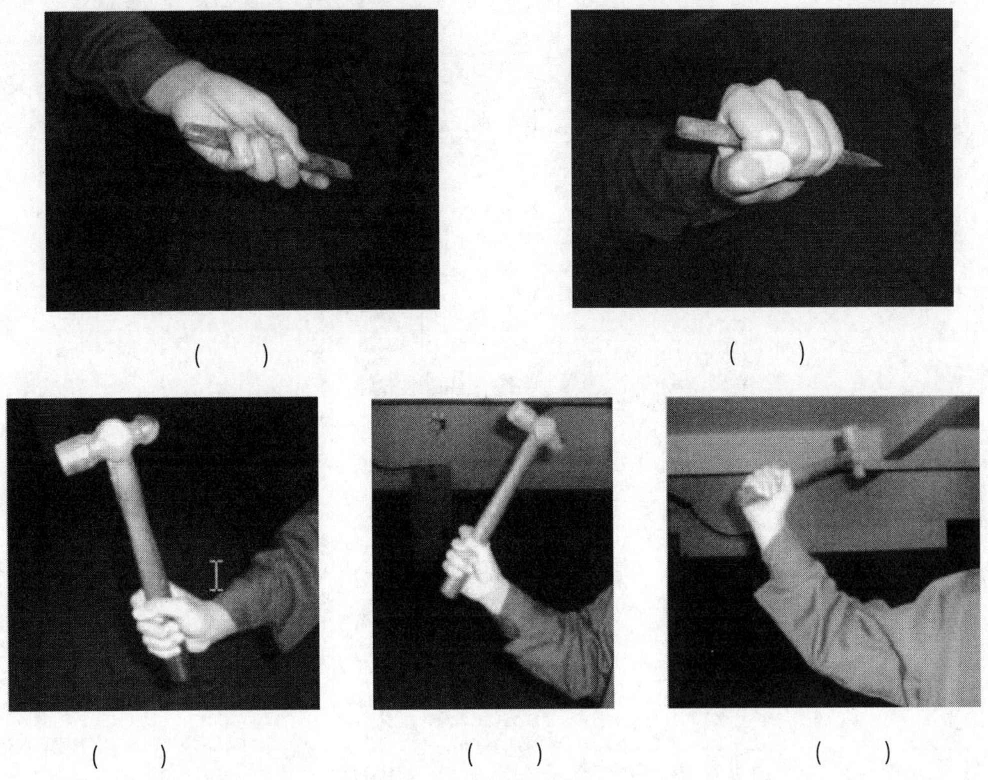

5. 錾子切削角度对錾削的影响较大，通过查阅相关资料，说出錾子切削角度的名称、对錾削的影响及正确选用方法。

6. 通过查阅相关资料，写出刃磨錾子的技术要点。

7．若榔头四方的成品尺寸为 20 mm×20 mm，而圆钢直径为 ϕ30 mm，试计算錾削余量。

8．錾削加工一般分为起錾、錾削、錾出几个过程，试结合下图，分析錾削加工中出现的情况及原因。

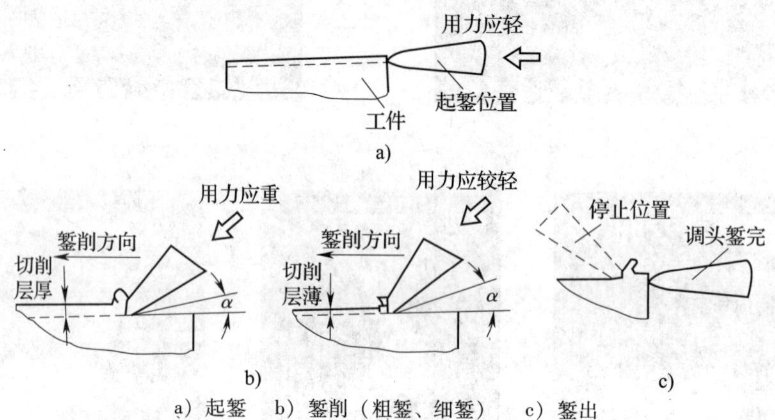

a）起錾　b）錾削（粗錾、细錾）　c）錾出

起錾时，为何采用斜角起錾?

錾削时，后角小用力应重，而后角大用力应轻，原因是：

錾出时，为何应调头錾?

9．查阅资料，分组讨论

錾削中应注意哪些问题。

时间		主题	錾削过程中应注意的问题
主持人		成员	
讨论过程			
结论			

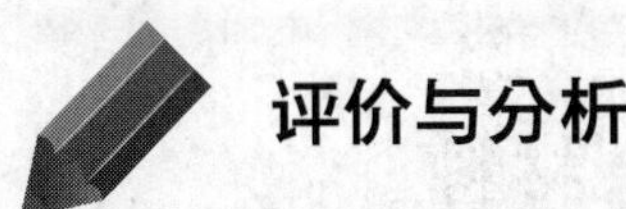

评价与分析

活动过程评价表

班级		姓名		学号		日期	年 月 日
序号	评价要点				配分	得分	总评
1	能说出錾削的应用场合				5		A□（86－100） B□（76－85） C□（60－75） D□（60 以下）
2	能说出各类錾子的名称及应用				5		
3	能说出錾子切削角度对錾削的影响				5		
4	能说出錾削过程中应注意的问题				5		
5	錾削时站立姿势及握錾、握锤方法正确				20		
6	能正确刃磨錾子				20		
7	錾削平面的质量较高				20		
8	与同学之间能相互合作				10		
9	能严格遵守作息时间				5		
10	及时完成老师布置的任务				5		
小结建议							

学习活动6　锯去榔头表面多余材料

学习目标

- 能够根据加工材料、加工条件正确选用锯条。
- 能正确安装锯条。
- 能使用锯削工具去除多余材料。

建议学时：6学时

学习准备

手锯、锯条、教材。

学习过程

1．錾削能够去除工件多余材料，但去除量有限。大量去除材料时，常使用锯削加工。根据下列图示，说出锯削的应用。

（1）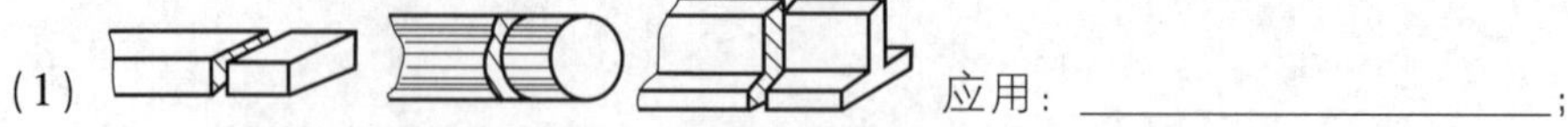 应用：________________；

（2） 应用：________________；

（3） 应用：________________。

2. 锯条是锯削的常用工具，观察你所使用的锯条，并记录它的规格：________ mm，是以____________表示的。

3. 锯条以每 25 mm 轴向长度内的锯齿数来划分，查阅相关资料，并填写出下表中粗、中、细齿锯条的齿数及应用。

种类	图示	每 25 mm 轴向长度的齿数	应用
粗齿锯条			
中齿锯条			
细齿锯条			

4. 判断下图中锯条安装是否正确，为什么？

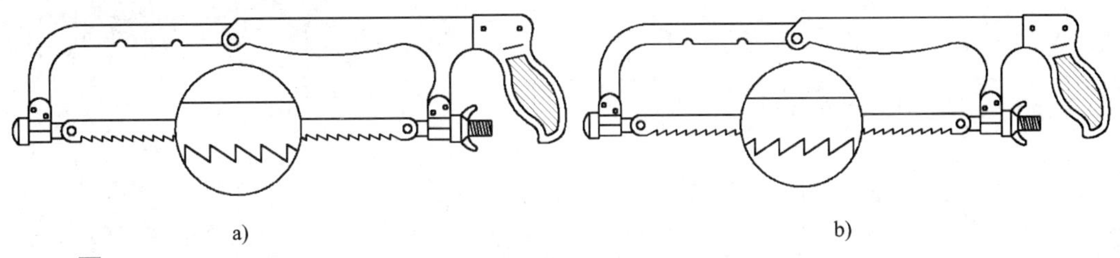

a)　　　　　　b)

a 图：

b 图：

5．说出下图中锯削的姿势是否正确？为什么？

a)

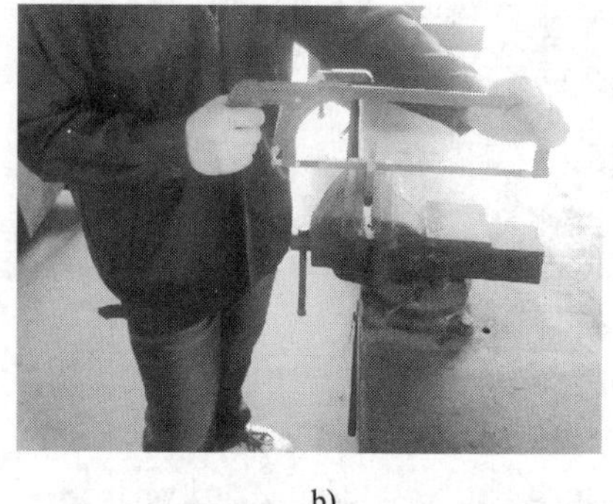

b)

a 图：

b 图：

6．起锯是锯削工作的开始，起锯质量的好坏，直接影响锯削质量。下图所示分别为哪种起锯方法？一般情况下，采用哪种方法？为什么？

a)

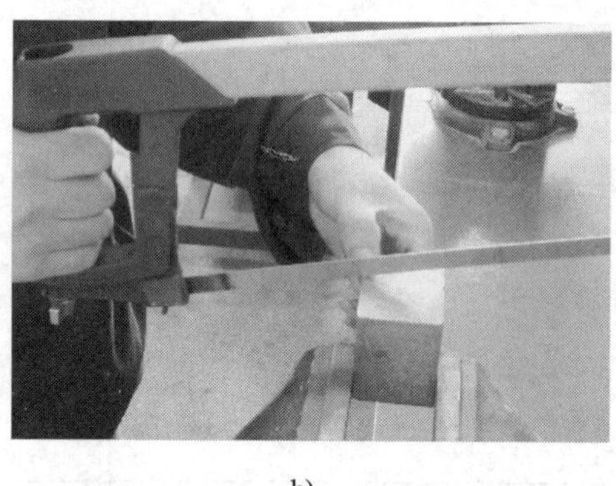

b)

a 图：

b 图：

一般采用的方法是：

7. 查阅资料，分组讨论。

锯削过程中应注意哪些问题？

时间		主题	锯削过程中应注意的问题
主持人		成员	
讨论过程			
结论			

评价与分析

活动过程评价表

班级		姓名		学号		日期	年 月 日
序号	评价要点				配分	得分	总评
1	能说出锯削的应用				5		A□（86－100） B□（76－85） C□（60－75） D□（60 以下）
2	能根据加工材料和加工条件合理选用锯条				5		
3	能正确安装锯条				10		
4	锯削姿势正确				15		
5	能正确起锯				15		
6	能说出锯削过程中应注意的问题				10		
7	锯削的质量较高				25		
8	与同学之间能相互合作				5		
9	能严格遵守作息时间				5		
10	及时完成老师布置的任务				5		
小结建议							

学习活动 7　锉削榔头表面并成形

学习目标

- 能根据加工材料、加工条件选用锉刀。
- 能正确使用锉削工具去除多余材料。
- 能正确使用测量工具进行测量。
- 能对所使用的量具按要求进行日常保养。

建议学时：18 学时

学习准备

锉刀、游标卡尺、刀口角尺、刀口直尺、教材。

学习过程

1．锉削一般是在錾削、锯削之后对工件进行的精度较高的加工。根据榔头的加工要求，其最终成型采用锉削加工。查阅相关资料，说出锉削所能达到的精度要求。

2．锉刀的种类很多，写出下表中各类锉刀的名称及应用。

序号	图示	名称	应用
1			

续表

序号	图示	名称	应用
2			
3			
4			
5			

3．加工榔头成型表面，应选择哪些锉刀？选择时应考虑哪些因素？

4．写出下图所示平面锉削的方法，以及在操作中应如何运用？

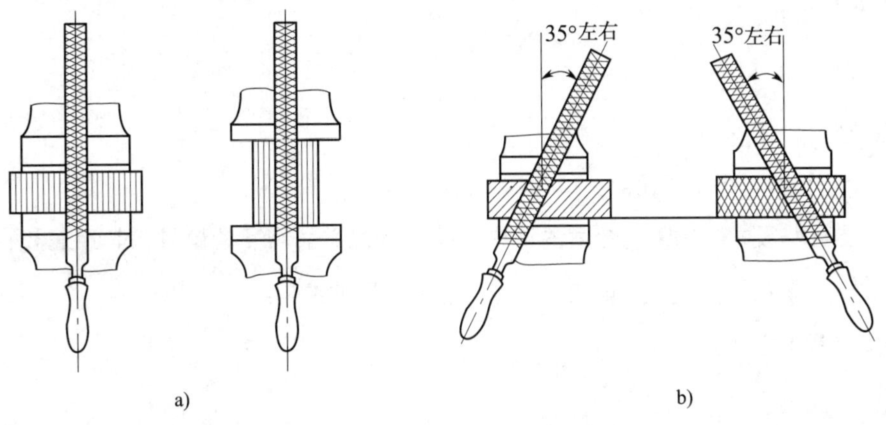

a 图：

b 图：

5．外圆弧面的锉削方法如下图所示，试述这两种方法各自的特点及应用。榔头加工中，这段圆弧面宜采用什么加工方法？

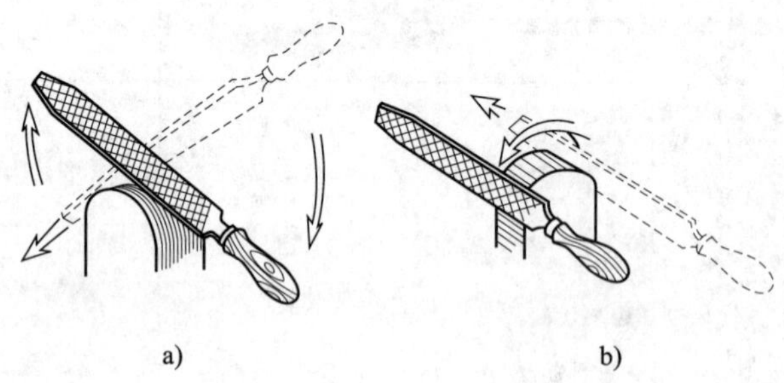

a)　　　　　　b)

a 图：

b 图：

榔头中圆弧面的加工方法：

6．图样中（20 ±0. 05）mm 是加工尺寸，表示该尺寸允许的加工误差范围为________。

查阅相关资料，了解尺寸公差的概念，并分析加工尺寸“20 ±0. 05 mm”。基本尺寸________ mm、上偏差________ mm、下偏差________ mm、最大极限尺寸________ mm、最小极限尺寸________ mm 及公差________ mm。

7．查阅相关资料，了解形位公差的概念，说出图样中相关标注所表示的含义：

□	0.05

⊥	0.04

//	0.05

8．查阅资料，小组讨论。

要达到图样要求，需采用合适的量具进行正确测量。常用的量具按其用途和特点，可分为________量具、________量具和________量具三种类型。

三类量具的主要区别是：

9. 使用游标卡尺检测工件。

(1) 查阅相关资料，写出游标卡尺的刻线原理及读数方法。

刻线原理:

读数方法:

(2) 分析下列图示中游标卡尺的使用是否正确?

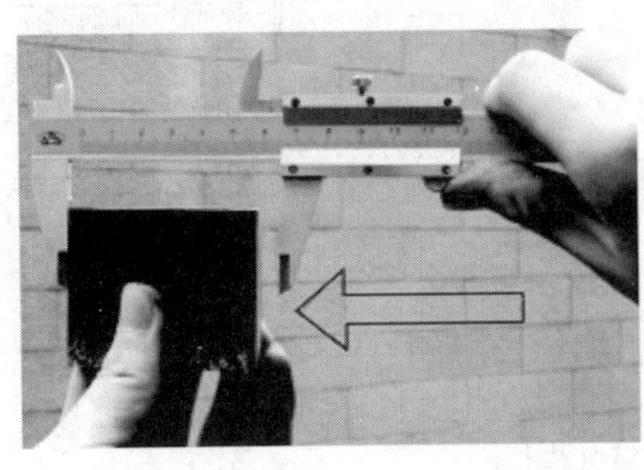

a)

b)

a 图:

b 图:

(3) 下图所示为实际加工中检测出的读数，正确读取数值并填写在横线上，再分析其读数精度。

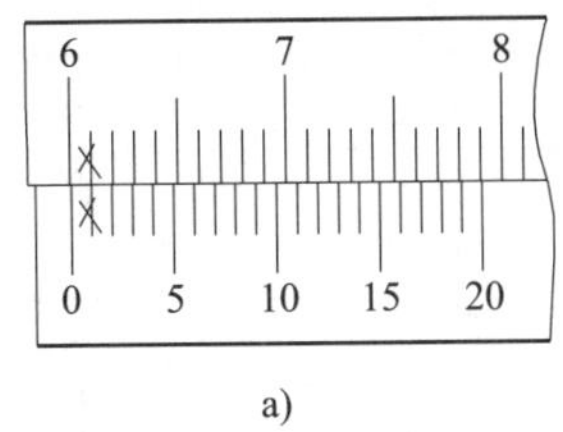

a)

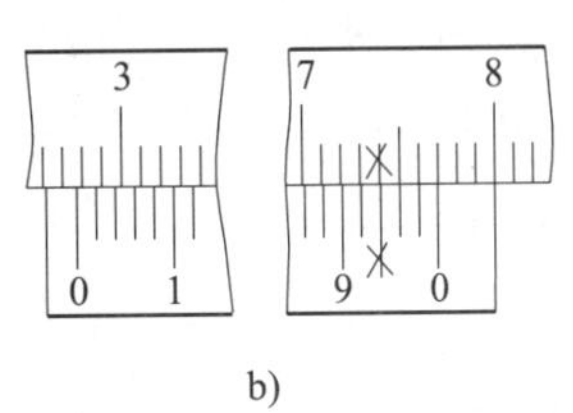

b)

a 图读数: ____________，a 图读数精度: ____________;

b 图读数: ____________，b 图读数精度: ____________。

(4) 榔头工件上，需要用游标卡尺测量的要素及具体尺寸有哪些?

10. 使用刀口直尺检测工件。

（1）实际加工中，通常采用刀口直尺检查平面度，如下图所示，检查时为什么要纵向、横向和对角进行多处检测?

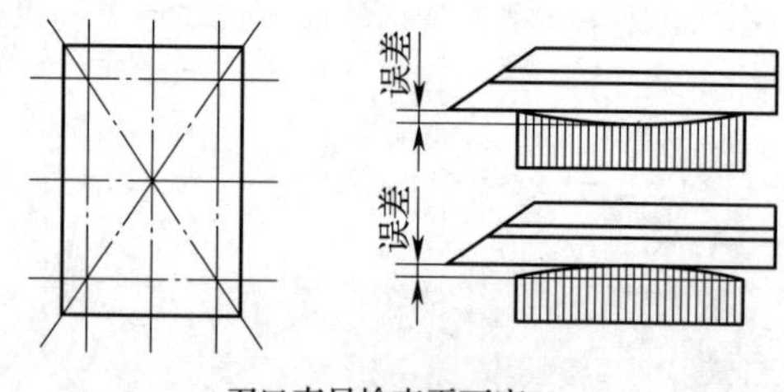

刀口直尺检查平面度

（2）榔头工件上，需要用刀口直尺测量的要素有哪些?

（3）刀口角尺在检查工件垂直度时要注意哪些方面?

（4）检测成型榔头相关精度要求，并填写下表。

序号	检测部位	形状精度	位置精度	尺寸精度	表面粗糙度
1					
2					
3					
4					
5					
6					
7					
8					
9					
10					

11. 查阅相关资料，列出常用量具维护与保养中应注意的问题。

评价与分析

活动过程评价表

班级		姓名		学号		日期	年　月　日
序号	评价要点				配分	得分	总评
1	能说出锉刀的种类及应用				5		
2	能说出锉刀选择的原则				5		
3	锉削姿势正确				5		
4	能正确使用量具				10		
5	能对量具进行维护和保养				8		
6	尺寸（20 ±0.05）mm 符合要求				5 ×2		A□（86 – 100）
7	平面度 0.05 mm 符合要求				3 ×4		B□（76 – 85）
8	平行度 0.05 mm 符合要求				3 ×2		C□（60 – 75）
9	垂直度 0.04 mm 符合要求				3 ×4		D□（60 以下）
10	表面粗糙度（4 面）符合要求				1 ×4		
11	棱角倒角符合要求				2 ×4		
12	与同学之间能相互合作				5		
13	能严格遵守作息时间				5		
14	及时完成老师布置的任务				5		
小结建议							

学习活动8　加工榔头手柄安装孔

学习目标

- 能根据加工要求合理选择麻花钻。
- 能安全操作钻床，完成钻孔加工。
- 能使用锉刀完成腰孔的加工。

建议学时：6学时

学习准备

钻头、台钻、教材、视频。

学习过程

1. 榔头上的孔需要进行钻削加工。通过观看视频，说出钻削加工的特点及钻削常用工具。

钻削加工特点：

钻削常用工具：

2. 观察下图所示两种常用钻头，指出它们在结构上的区别。

a)

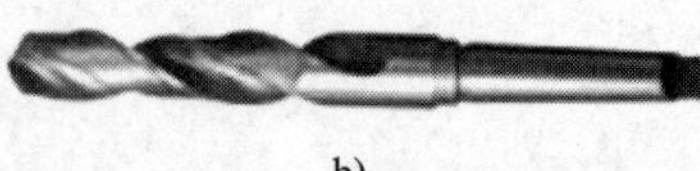

b)

a图：

b 图：

3．查阅相关资料，结合下图填写以下内容。

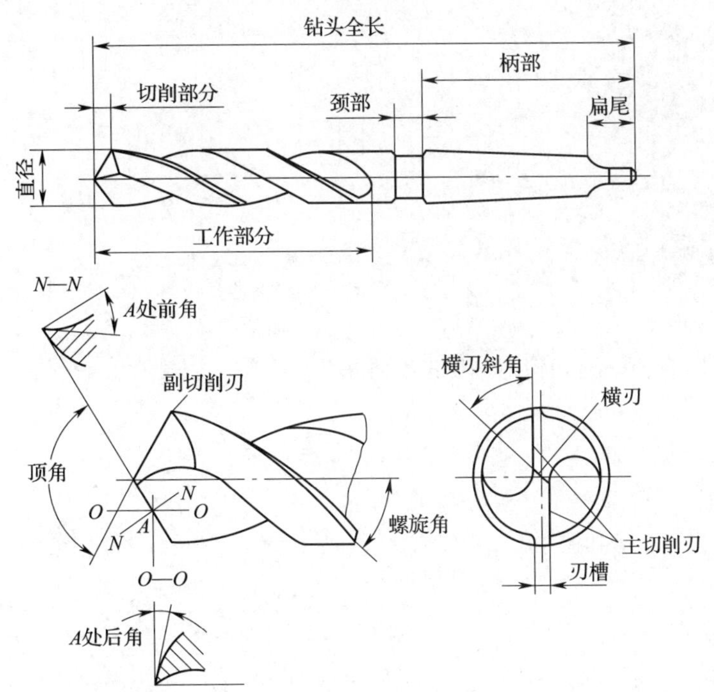

（1）标准麻花钻由________、________和工作部分（其中包括导向部分和切削部分）三大部分组成。

（2）颈部是________和工作部分的连接部分，也是磨削钻头时供砂轮退刀用的，钻头本身的直径、材料和商标等也刻印在颈部。

（3）导向部分用来保持麻花钻工作时的正确方向，在钻头重新刃磨时，导向部分逐渐变为切削部分而投入工作。导向部分有两条对称的____________，作用是________，便于切削液的输入。导向部分有两条棱带，它的直径略有倒锥，这样既可以引导钻头切削时的方向，又可以减少钻头与孔壁的摩擦。

（4）切削部分由________刃________面组成，分别为：____________________________

____。

（5）图上有哪些角度？它们分别对钻削加工有什么影响？

4．如下图所示的台钻为钳工常用的设备，在图中标注出台钻各结构的名称，并说出它们的功用。

5．结合实际，谈一谈如何对钻床进行维护保养？

6．下图中，哪个样冲眼是正确的？若不正确对钻孔加工有何影响？

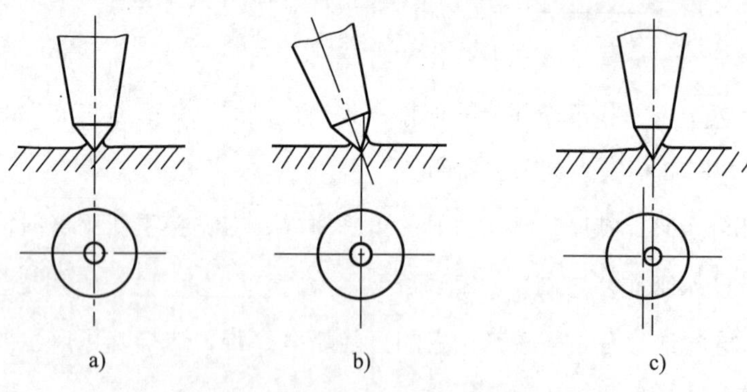

a 图：

b 图：

c 图：

7．钻孔时，为什么要在工件上划出如下图所示的检查圆或检查方框？

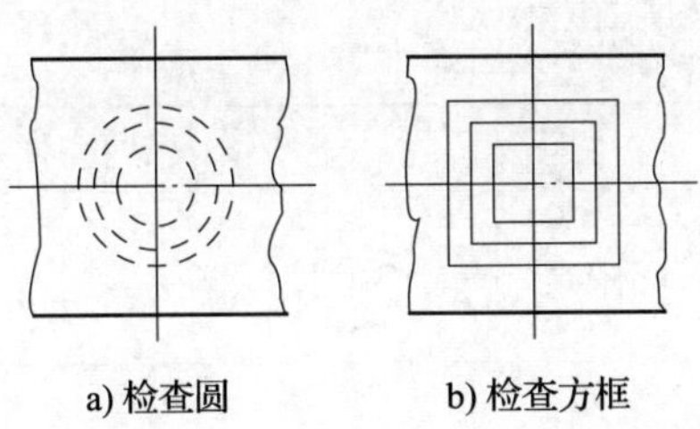

a) 检查圆　　b) 检查方框

8．在榔头上钻削加工 ϕ9. 8 mm 的孔，钻头材料为高速钢，试确定钻床主轴转速；若顶角 $2\varphi=120°$，试计算钻透厚度为 20 mm 工件所需的时间。

9．在钻削加工完成后，钻头和工件温度都很高，通过查阅资料说明产生高温的原因，实际生产中如何控制工件和刀具的切削温度？

10．结合零件图，写出腰孔加工的尺寸及形位公差要求。

11．结合实际，写出加工腰孔时应注意的问题。

12. 查阅资料，小组讨论。

钻孔时要注意哪些安全文明生产。

时间		主题	钻孔时的安全文明生产
主持人		成员	
讨论过程			
结论			

评价与分析

活动过程评价表

班级		姓名		学号		日期	年 月 日
序号	评价要点				配分	得分	总评
1	能说出标准麻花钻的结构				5		A□（86－100） B□（76－85） C□（60－75） D□（60以下）
2	能说出台钻的结构、各部分名称及用途				5		
3	能进行钻床的维护和保养				5		
4	能安全操作钻床，完成钻孔加工				10		
5	能说出腰孔的加工步骤				5		
6	腰孔对称度0.2 mm符合要求				10		
7	腰孔长度（20±0.2）mm符合要求				8		
8	*C*3.5 mm倒角尺寸正确（4处）				16		
9	*R*3.5 mm内圆弧连接光滑，尖端无塌角（4处）				16		
10	与同学之间能相互合作				10		
11	能严格遵守作息时间				5		
12	及时完成老师布置的任务				5		
小结建议							

学习活动 9　榔头表面处理

学习目标

- 能对榔头进行表面淬火处理。
- 能对榔头表面进行抛光。

建议学时：3 学时

学习准备

加热设备、砂纸、锉刀、教材。

学习过程

1. 为保证錾口榔头两端具有较高的硬度和一定的韧性，通常要进行热处理，包括淬火和回火两个过程。查阅相关资料，填写下表。

序号	热处理名称	定义	性能特点	应用
1	淬火			
2	回火			

2. 写出錾口榔头的热处理操作过程。

3．结合实际情况，说出淬火后达不到硬度要求的原因。

4．砂纸抛光是机械抛光的一种形式，说出砂纸抛光中应注意的问题。

5．查阅资料，小组讨论。

淬火的好坏与榔头的硬度有关，而抛光体现在榔头的表面粗糙度上。查阅相关资料，小组讨论如何检测硬度及表面粗糙度。

时间		主题	检测硬度及表面粗糙度
主持人		成员	
讨论过程			
结论			

评价与分析

活动过程评价表

班级		姓名		学号		日期	年　月　日
序号	评价要点				配分	得分	总评
1	能说出淬火和回火的定义及性能特点				10		A□（86－100） B□（76－85） C□（60－75） D□（60 以下）
2	能说出淬火中应注意的问题				10		
3	能说出砂纸抛光中应注意的问题				10		
4	榔头的硬度符合要求				25		
5	榔头的表面粗糙度符合要求				25		
6	与同学之间能相互合作				10		
7	能严格遵守作息时间				5		
8	及时完成老师布置的任务				5		
小结 建议							

学习活动 10　工作总结、成果展示、经验交流

学习目标

- 能正确规范撰写总结。
- 能采用多种形式进行成果展示。
- 能有效进行工作反馈与经验交流。

建议学时：3 学时

学习准备

课件、展示工件。

学习过程

1. 查阅相关资料，写出工作总结的组成要素。

2. 写出成果展示方案。

3. 写出工作总结和评价。

评价与分析

活动过程评价自评表

班级		姓名		学号		日期	年　月　日		
评价指标	评价要素				权重	等级评定			
						A	B	C	D
信息检索	能有效利用网络资源、工作手册查找有效信息				5%				
	能用自己的语言有条理地去解释、表述所学知识				5%				
	能将查找到的信息有效转换到工作中				5%				
感知工作	是否熟悉工作岗位，认同工作价值				5%				
	在工作中，是否获得满足感				5%				
参与状态	与教师、同学之间是否相互尊重、理解、平等				5%				
	与教师、同学之间是否能够保持多向、丰富、适宜的信息交流				5%				

续表

<table>
<tr><td>班级</td><td></td><td>姓名</td><td></td><td>学号</td><td></td><td>日期</td><td colspan="3">年 月 日</td></tr>
<tr><td rowspan="2">评价指标</td><td colspan="4" rowspan="2">评价要素</td><td rowspan="2">权重</td><td colspan="4">等级评定</td></tr>
<tr><td>A</td><td>B</td><td>C</td><td>D</td></tr>
<tr><td rowspan="3">参与状态</td><td colspan="4">探究学习，自主学习不流于形式，处理好合作学习和独立思考的关系，做到有效学习</td><td>5%</td><td></td><td></td><td></td><td></td></tr>
<tr><td colspan="4">能提出有意义的问题或能发表个人见解；能按要求正确操作；能够倾听、协作、分享</td><td>5%</td><td></td><td></td><td></td><td></td></tr>
<tr><td colspan="4">积极参与，在产品加工过程中不断学习，提高综合运用信息技术的能力</td><td>5%</td><td></td><td></td><td></td><td></td></tr>
<tr><td rowspan="2">学习方法</td><td colspan="4">工作计划、操作技能是否符合规范要求</td><td>5%</td><td></td><td></td><td></td><td></td></tr>
<tr><td colspan="4">是否获得了进一步发展的能力</td><td>5%</td><td></td><td></td><td></td><td></td></tr>
<tr><td rowspan="3">工作过程</td><td colspan="4">遵守管理规程，操作过程符合现场管理要求</td><td>5%</td><td></td><td></td><td></td><td></td></tr>
<tr><td colspan="4">平时上课的出勤情况和每天完成工作任务情况</td><td>5%</td><td></td><td></td><td></td><td></td></tr>
<tr><td colspan="4">善于多角度思考问题，能主动发现、提出有价值的问题</td><td>5%</td><td></td><td></td><td></td><td></td></tr>
<tr><td>思维状态</td><td colspan="4">是否能发现问题、提出问题、分析问题、解决问题、创新问题</td><td>5%</td><td></td><td></td><td></td><td></td></tr>
<tr><td rowspan="4">自评反馈</td><td colspan="4">按时按质完成工作任务</td><td>5%</td><td></td><td></td><td></td><td></td></tr>
<tr><td colspan="4">较好地掌握了专业知识点</td><td>5%</td><td></td><td></td><td></td><td></td></tr>
<tr><td colspan="4">具有较强的信息分析能力和理解能力</td><td>5%</td><td></td><td></td><td></td><td></td></tr>
<tr><td colspan="4">具有较为全面严谨的思维能力并能条理明晰地表述成文</td><td>5%</td><td></td><td></td><td></td><td></td></tr>
<tr><td colspan="5">自评等级</td><td colspan="5"></td></tr>
<tr><td>有益的经验和做法</td><td colspan="9"></td></tr>
<tr><td>总结反思建议</td><td colspan="9"></td></tr>
</table>

等级评定：A：好　B：较好　C：一般　D：有待提高

活动过程评价互评表

班级		姓名		学号		日期	年　月　日		
评价指标	评价要素				权重	等级评定			
						A	B	C	D
信息检索	能有效利用网络资源、工作手册查找有效信息				5%				
	能用自己的语言有条理地去解释、表述所学知识				5%				
	能将查找到的信息有效地转换到工作中				5%				
感知工作	是否熟悉自己的工作岗位，认同工作价值				5%				
	在工作中，是否获得满足感				5%				
参与状态	与教师、同学之间是否相互尊重、理解、平等				5%				
	与教师、同学之间是否能够保持多向、丰富、适宜的信息交流				5%				
	能处理好合作学习和独立思考的关系，做到有效学习				5%				
	能提出有意义的问题或能发表个人见解；能按要求正确操作；能够倾听、协作、分享				5%				
	积极参与，在产品加工过程中不断学习，综合运用信息技术的能力提高很大				5%				
学习方法	工作计划、操作技能是否符合规范要求				5%				
	是否获得了进一步发展的能力				5%				
工作过程	是否遵守管理规程，操作过程符合现场管理要求				5%				
	平时上课的出勤情况和每天完成工作任务情况				5%				
	是否善于多角度思考问题，能主动发现、提出有价值的问题				5%				
思维状态	是否能发现问题、提出问题、分析问题、解决问题、创新问题				5%				
互评反馈	能严肃认真地对待互评				10%				
互评等级									
简要评述									

等级评定：A：好　B：较好　C：一般　D：有待提高

活动过程教师评价表

<table>
<tr><th>班级</th><th colspan="2">姓名　　　学号</th><th>权重</th><th>评价</th></tr>
<tr><td rowspan="4">知识策略</td><td rowspan="2">知识吸收</td><td>能设法记住要学习的内容</td><td>3%</td><td></td></tr>
<tr><td>使用多样性手段，通过网络、技术手册等收集到较多有效信息</td><td>3%</td><td></td></tr>
<tr><td>知识构建</td><td>自觉寻求不同工作任务之间的内在联系</td><td>3%</td><td></td></tr>
<tr><td>知识应用</td><td>将学习到的内容应用到解决实际问题中</td><td>3%</td><td></td></tr>
<tr><td rowspan="3">工作策略</td><td>兴趣取向</td><td>对课程本身感兴趣，熟悉自己的工作岗位，认同工作价值</td><td>3%</td><td></td></tr>
<tr><td>成就取向</td><td>学习的目的是获得高水平的成绩</td><td>3%</td><td></td></tr>
<tr><td>批判性思考</td><td>谈到或听到一个推论或结论时，会考虑到其他可能的答案</td><td>3%</td><td></td></tr>
<tr><td rowspan="11">管理策略</td><td>自我管理</td><td>若不能很好地理解学习内容，会设法找到该任务相关的其他资讯</td><td>3%</td><td></td></tr>
<tr><td rowspan="5">过程管理</td><td>正确回答工作页中及教师提出的问题</td><td>3%</td><td></td></tr>
<tr><td>能根据提供的材料、工作页和教师指导进行有效学习</td><td>3%</td><td></td></tr>
<tr><td>针对工作任务，能反复查找资料、反复研讨，编制有效工作计划</td><td>3%</td><td></td></tr>
<tr><td>在工作过程中，留有研讨记录</td><td>3%</td><td></td></tr>
<tr><td>在团队合作中，主动承担并完成任务</td><td>3%</td><td></td></tr>
<tr><td>时间管理</td><td>有效组织学习时间和按时按质完成工作任务</td><td>3%</td><td></td></tr>
<tr><td rowspan="4">结果管理</td><td>在学习过程中有满足、成功与喜悦等体验，对后续学习更有信心</td><td>3%</td><td></td></tr>
<tr><td>根据研讨内容，对讨论知识、步骤、方法进行合理的修改和应用</td><td>3%</td><td></td></tr>
<tr><td>课后能积极有效地进行学习的自我反思，总结学习的长短之处</td><td>3%</td><td></td></tr>
<tr><td>规范撰写工作小结，能进行经验交流与工作反馈</td><td>3%</td><td></td></tr>
<tr><td rowspan="5">过程状态</td><td rowspan="2">交往状态</td><td>与教师、同学之间交流语言得体，彬彬有礼</td><td>3%</td><td></td></tr>
<tr><td>与教师、同学之间保持多向、丰富、适宜的信息交流和合作</td><td>3%</td><td></td></tr>
<tr><td rowspan="2">思维状态</td><td>能用自己的语言有条理地去解释、表述所学知识</td><td>3%</td><td></td></tr>
<tr><td>善于多角度思考问题，能主动提出有价值的问题</td><td>3%</td><td></td></tr>
<tr><td>情绪状态</td><td>能自我调控好学习情绪，能随着教学进程或解决问题的全过程而产生不同的情绪变化</td><td>3%</td><td></td></tr>
</table>

续表

<table>
<tr><td>班级</td><td colspan="2"></td><td>姓名</td><td></td><td>学号</td><td></td><td>权重</td><td>评价</td></tr>
<tr><td rowspan="8">过程状态</td><td>生成状态</td><td colspan="5">能总结当堂学习所得，或提出深层次的问题</td><td>3%</td><td></td></tr>
<tr><td rowspan="5">组内合作过程</td><td colspan="5">分工及任务目标明确，并能积极组织或参与小组工作</td><td>3%</td><td></td></tr>
<tr><td colspan="5">积极参与小组讨论并能充分地表达自己的思想或意见</td><td>3%</td><td></td></tr>
<tr><td colspan="5">能采取多种形式，展示本小组的工作成果，并进行交流反馈</td><td>3%</td><td></td></tr>
<tr><td colspan="5">对其他组学生提出的疑问能做出积极有效的解释</td><td>3%</td><td></td></tr>
<tr><td colspan="5">认真听取其他组的汇报发言，并能大胆质疑或提出不同意见或更深层次的问题</td><td>3%</td><td></td></tr>
<tr><td>工作总结</td><td colspan="5">规范撰写工作总结</td><td>3%</td><td></td></tr>
<tr><td>自评</td><td>综合评价</td><td colspan="5">按照《活动过程评价自评表》，严肃认真地对待自评</td><td>5%</td><td></td></tr>
<tr><td>互评</td><td>综合评价</td><td colspan="5">按照《活动过程评价互评表》，严肃认真地对待互评</td><td>5%</td><td></td></tr>
<tr><td colspan="7">总评等级</td><td colspan="2"></td></tr>
<tr><td>建议</td><td colspan="8">评定人：（签名）　　年　月　日</td></tr>
</table>

等级评定：A：好　B：较好　C：一般　D：有待提高

制件评价

一、展示评价

把个人制作好的制件先进行分组展示，再由小组推荐代表作必要的介绍。在展示的过程中，以组为单位进行评价；评价完成后，根据其他组成员对本组展示的成果评价意见进行归纳总结。主要评价项目如下：

1. 展示的产品是否符合技术标准？

合格□　　不良□　　返修□　　报废□

2. 与其他组相比，本小组的产品工艺是否合理？

工艺优化□　　工艺合理□　　工艺一般□

3. 本小组介绍成果时，表达是否清晰合理？

很好□　　一般，需要补充□　　不清晰□

4．本小组演示产品检测方法时，操作是否正确?

正确□　　部分正确□　　不正确□

5．本小组演示操作时，是否遵循了“6S”的工作要求?

符合工作要求□　　忽略了部分要求□　　完全没有遵循 □

6．本小组的成员，团队创新精神如何?

良好□　　一般 □　　不足□

7．总结这次任务，本组是否达到学习目标? 你给予本组的评分是多少? 对本组的建议是什么?

学生：（签名）________　　________年________月________日

二、教师对展示的作品分别作评价

1．针对展示过程中各组的优点进行点评。

2．针对展示过程中各组的缺点进行点评，提出改进方法。

3．总结整个任务完成中出现的亮点和不足。

三、综合评价

指导教师：（签名）________　　年________月________日

任务二　锯 弓 制 作

学习目标

1. 能根据接受的锯弓制作任务，明确加工工期、加工要求，服从工作安排，合理制定工作计划。

2. 能正确识读锯弓加工图样，说出锯弓的材料及形状特点，明确各部分加工所需达到的尺寸、表面质量要求。

3. 能对照锯弓加工图样，看懂锯弓加工工艺卡，确定加工步骤。

4. 能确定铆钉长度，查阅手册确定铆钉型号。

5. 能根据方形导向套制作要求，确定其毛坯尺寸。

6. 能按照加工步骤完成锯弓各部位的加工。

7. 能按照检测要求，正确选用量具并进行检测。

8. 能表述矫正、弯形和铆接安全操作规程。

9. 能撰写工作小结、采用多种形式展示学习成果。

40 学时

工作情境描述

某单位接到一批锯弓的加工定单，零件的加工图样如下图所示，零件生产的其中一部分需要通过钳加工的方法来完成。现把任务分配给你，试根据图样的要求进行加工。

模型图

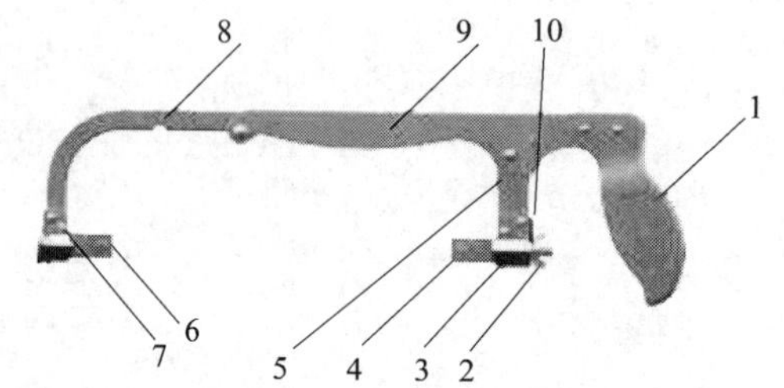

1—手柄 2—翼形螺母 3—方孔导套 4—后锯钮 5—后架

6—前锯钮 7—铆钉 8—活动前架 9—架套 10—垫圈

零件图

件 1 手柄、件 7 铆钉（标准件）需要外购，其他零件的零件图如下图所示。

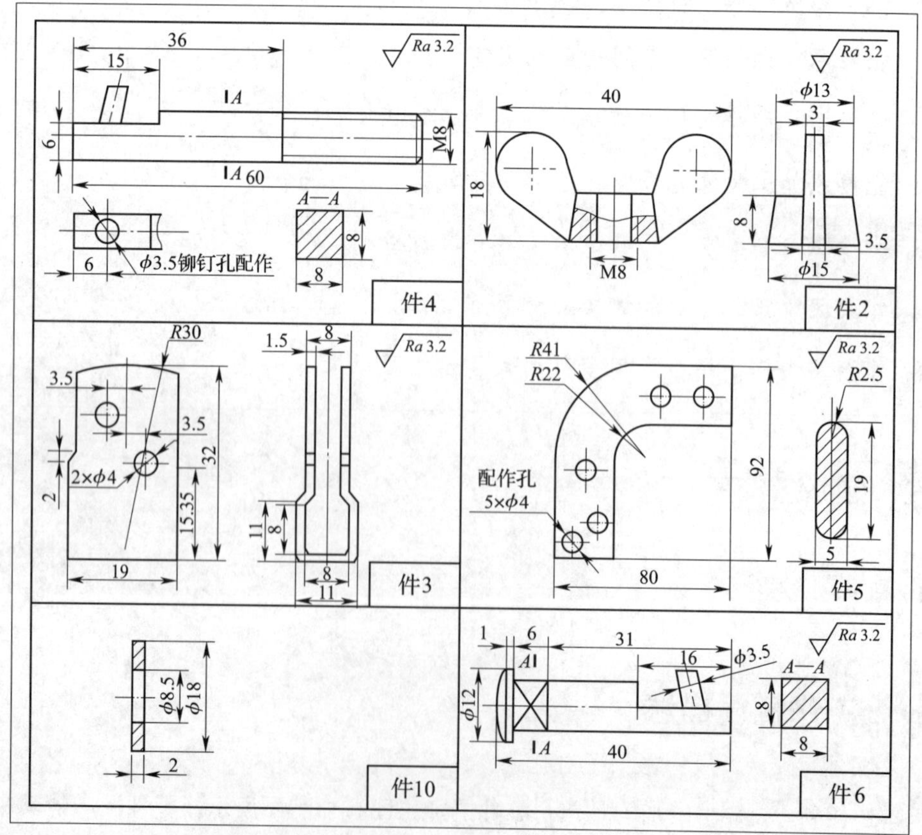

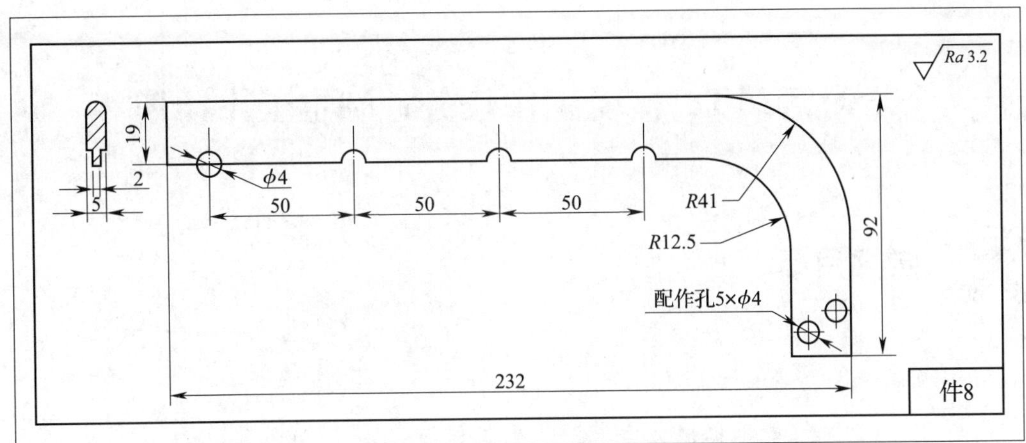

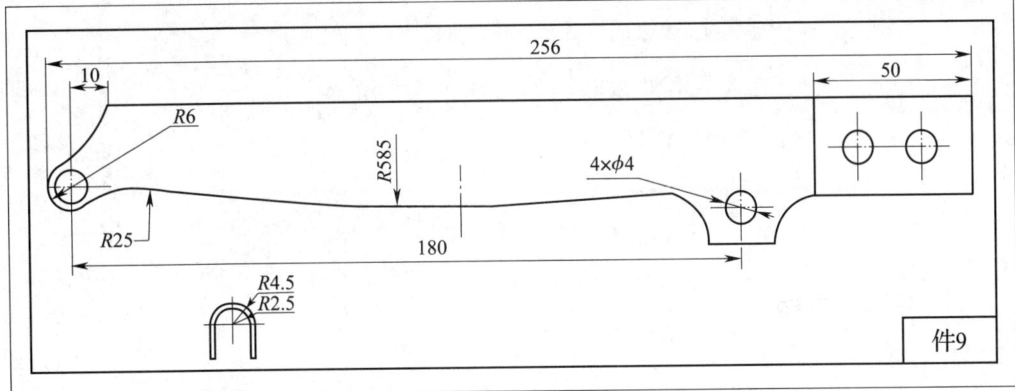

工作流程与活动

在接受工作任务后，首先应识读锯弓图样，获取锯弓的结构特点、尺寸要求等有效信息；按照加工工艺步骤，独立利用划规、高度尺等划线工具划出加工界线；采用锯削、锉削、矫正、弯形、铆接等加工方法加工出锯弓，选择符合检测要求的量具对锯弓进行检测，最终独立完成锯弓制作。能按照现场管理规范清理场地、归置物品，按环保规定处置废弃物。

◇ 学习活动 1　接受工作任务，制定工作计划（4 学时）

◇ 学习活动 2　分析图样、阅读加工工艺卡并确定加工步骤（2 学时）

◇ 学习活动 3　加工锯弓弓身（16 学时）

◇ 学习活动 4　制作锯钮（8 学时）

◇ 学习活动 5　制作方形导套（4 学时）

◇ 学习活动 6　铆接方形导套和手柄（4 学时）

◇ 学习活动 7　工作总结、成果展示、经验交流（2 学时）

学习活动1　接受工作任务，制定工作计划

学习目标

- 能根据任务要求，明确工作内容。
- 能制定合理的工作进度计划。
- 能采集有效信息。

建议学时：4 学时

学习准备

钳工相关手册、加工工序卡、劳保用品、教材。

学习过程

1. 锯弓是常用的锯削工具，观察下图中两种不同的锯弓，它们在结构上有何区别？本次任务加工的锯弓是其中的哪一种，其结构上有什么特点？

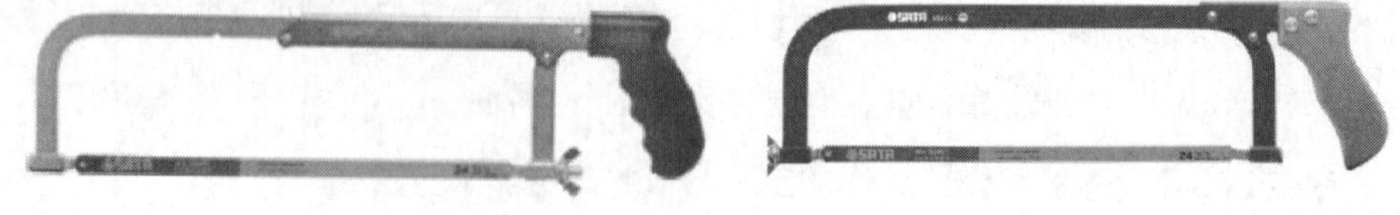

结构区别：

本任务加工锯弓的结构特点：

2．查阅资料，小组讨论。

一个完整的工作计划，通常包括哪些内容?

时间		主题	完整的工作计划由哪些内容组成
主持人		成员	
讨论过程			
结论			

3．根据本任务的工作流程与活动，制定本组的工作计划。

序号	工作内容	开始时间	完成时间	负责人
1	接受工作任务，明确工作要求			
	制定工作计划			
	进行人员分工			
2	分析加工图样			
	读懂加工工艺卡			
	确定加工步骤			
3	完成锯弓弓身的加工			
4	完成锯钮的制作			
5	完成方形导套的制作			
6	完成方形导套和手柄的铆接			
7	进行工作总结，完成作品展示			

4. 根据小组成员特点，完成工作进度计划中的分工。

小组成员名单	成员特点	小组中的分工	备注

评价与分析

活动过程评价表

<table>
<tr><td>班级</td><td></td><td>姓名</td><td></td><td>学号</td><td></td><td>日期</td><td>年 月 日</td></tr>
<tr><td>序号</td><td colspan="5">评价要点</td><td>配分</td><td>得分</td><td>总评</td></tr>
<tr><td>1</td><td colspan="5">能明确工作内容</td><td>10</td><td></td><td rowspan="6">A□（86－100）
B□（76－85）
C□（60－75）
D□（60 以下）</td></tr>
<tr><td>2</td><td colspan="5">能利用工作手册查找相关信息</td><td>20</td><td></td></tr>
<tr><td>3</td><td colspan="5">能合理制定工作进度计划表</td><td>40</td><td></td></tr>
<tr><td>4</td><td colspan="5">与同学之间能相互合作</td><td>10</td><td></td></tr>
<tr><td>5</td><td colspan="5">能严格遵守作息时间</td><td>10</td><td></td></tr>
<tr><td>6</td><td colspan="5">及时完成老师布置的任务</td><td>10</td><td></td></tr>
<tr><td>小结
建议</td><td colspan="8"></td></tr>
</table>

学习活动 2　分析图样、阅读加工工艺卡并确定加工步聚

学习目标

- 能正确读出锯弓图样中各加工要素的组成和特点。
- 能看懂锯弓图样。
- 能根据锯弓加工工艺卡，确定加工步骤和方法。

建议学时：2 学时

学习准备

零件图纸、钳工相关手册、教材。

学习过程

1．对照锯弓图样，分析并指出该锯弓由哪几部分组成。

2．识读锯弓图样，该锯弓弓身的长度尺寸最大值为_______________ mm，最小尺寸为_______________ mm。

3．制作锯弓的材料为_______________，锯耳与弓身之间采用_______________方式连接。

4．M8 代表什么含义？铆钉孔有多大？

5．阅读锯弓加工工艺卡，小组讨论确定锯弓加工步骤。

锯弓加工工艺卡

<table>
<tr><td colspan="3">名称</td><td>锯弓</td><td colspan="2">编号</td><td colspan="2">01</td></tr>
<tr><td colspan="3">材料</td><td>45</td><td colspan="2">件 数</td><td colspan="2">1</td></tr>
<tr><td>序号</td><td colspan="2">工步名称</td><td>工步内容</td><td>定额
工时</td><td>实做
工时</td><td>制造</td><td>检验</td></tr>
<tr><td>1</td><td rowspan="5">件8、
件9、
件5</td><td>检查毛坯</td><td>检查锯弓制作坯料尺寸</td><td></td><td></td><td></td><td></td></tr>
<tr><td>2</td><td>划线</td><td>划出弓身加工线</td><td></td><td></td><td></td><td></td></tr>
<tr><td>3</td><td>钻孔</td><td>钻削加工出工艺孔</td><td></td><td></td><td></td><td></td></tr>
<tr><td>4</td><td>锯削</td><td>锯销除去弓身多余材料</td><td></td><td></td><td></td><td></td></tr>
<tr><td>5</td><td>锉削</td><td>锉削加工弓身</td><td></td><td></td><td></td><td></td></tr>
<tr><td>6</td><td>件3</td><td>矫正、变形</td><td>方形导向套加工</td><td></td><td></td><td></td><td></td></tr>
<tr><td>7</td><td>装配</td><td>铆接</td><td>用 ϕ3mm 铆钉铆接手柄和方形导套</td><td></td><td></td><td></td><td></td></tr>
<tr><td>8</td><td>检测</td><td>检测、修整</td><td>打光，去毛刺、倒棱，全面质量复查</td><td></td><td></td><td></td><td></td></tr>
</table>

锯弓加工步骤

零件号	序号	工步名称	设备名称	设备型号	工具	量具	工步内容	单位工时	备注
	1								
	2								
	3								
	4								
	5								
	6								

续表

零件号	序号	工步名称	设备名称	设备型号	工具	量具	工步内容	单位工时	备注
	7								
	8								
	9								
	10								
	11								

评价与分析

活动过程评价表

班级		姓名		学号		日期	年 月 日
序号	评价要点				配分	得分	总评
1	能说出锯弓各部分的组成及特点				10		A□（86－100） B□（76－85） C□（60－75） D□（60 以下）
2	能看懂锯弓图样				20		
3	能写出锯弓制作的加工步骤				40		
4	与同学之间能相互合作				10		
5	能严格遵守作息时间				10		
6	及时完成老师布置的任务				10		
小结建议							

学习活动3　加工锯弓弓身

学习目标

- 能根据弓身加工图样，划出弓身加工界线。
- 能利用钻床加工出锯削工艺孔，并利用锯削加工方法去除多余材料。
- 能根据弓身加工图样，进行锉削加工。
- 能正确选择砂布对弓身进行表面抛光，达到表面粗糙度要求。

建议学时：16学时

学习准备

零件图样、钳工相关手册、教材。

学习过程

1．从图样上看出，弓身是由________、__________和____________构成的。

2．根据图样，列出所需要的划线工具。

3．用划线工具划出弓身加工界线后，采用什么方法强化界线的标志？

4. 分析弓身加工图样要求，为了达到弓身表面粗糙度要求，宜选择哪种加工方法进行表面加工？

5. 在采用锯削方式去除余量时，一般都在圆弧处钻削加工出锯削工艺孔，如下图所示，查阅相关资料，解释其原理。

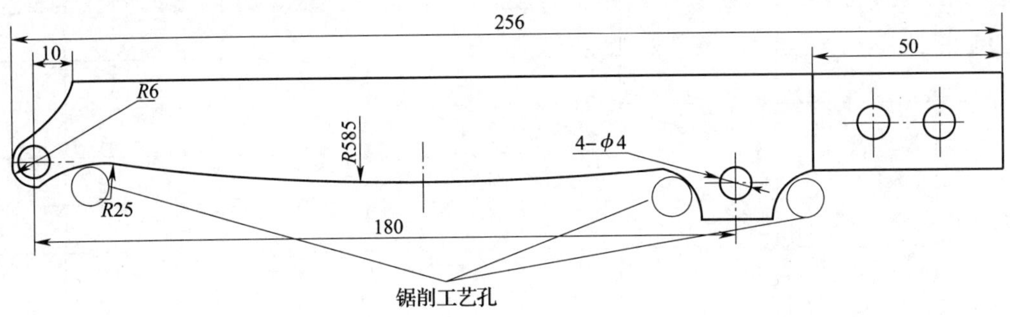

6. 说出图示锯割方法应用在什么场合？并且说出加工中应注意的事项。

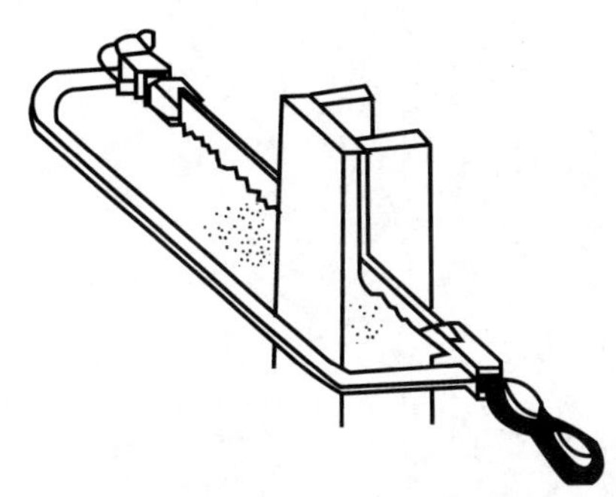

7. 根据加工图样，列出所需要的锉刀种类。

8. 根据分析，写出弓身加工步骤。

序号	开始时间	结束时间	工作内容	工具	量具	设备

9. 小组讨论。

通过弓身的加工，总结自己在运用锯割和锉削进行加工时，遇到了哪些问题，又是怎么解决的。

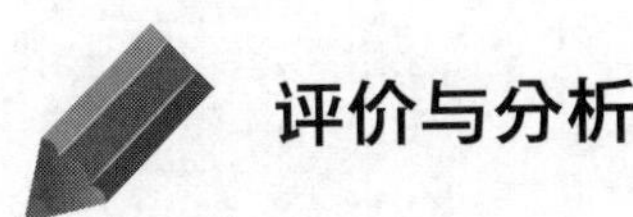

评价与分析

活动过程评价表

<table>
<tr><td>班级</td><td></td><td>姓名</td><td></td><td>学号</td><td></td><td>日期</td><td>年 月 日</td></tr>
<tr><td>序号</td><td colspan="5">评价要点</td><td>配分</td><td>得分</td><td>总评</td></tr>
<tr><td>1</td><td colspan="5">能正确划出尺寸界线，线条清晰均匀，尺寸准确</td><td>10</td><td></td><td rowspan="9">A□（86－100）
B□（76－85）
C□（60－75）
D□（60 以下）</td></tr>
<tr><td>2</td><td colspan="5">能合理选择锉刀</td><td>10</td><td></td></tr>
<tr><td>3</td><td colspan="5">能用锯削方法合理去除余量</td><td>15</td><td></td></tr>
<tr><td>4</td><td colspan="5">能写出弓身的加工步骤</td><td>15</td><td></td></tr>
<tr><td>5</td><td colspan="5">弓身尺寸符合要求</td><td>20</td><td></td></tr>
<tr><td>6</td><td colspan="5">加工面能达到表面粗糙度要求</td><td>15</td><td></td></tr>
<tr><td>7</td><td colspan="5">与同学之间能相互合作</td><td>5</td><td></td></tr>
<tr><td>8</td><td colspan="5">能严格遵守作息时间</td><td>5</td><td></td></tr>
<tr><td>9</td><td colspan="5">及时完成老师布置的任务</td><td>5</td><td></td></tr>
<tr><td>小结
建议</td><td colspan="8"></td></tr>
</table>

学习活动4　制 作 锯 钮

学习目标

- 能根据锯钮加工图样，划出锯钮加工界线。
- 能根据加工图样，利用锉刀完成前、后锯钮的加工。

建议学时：8 学时

学习准备

零件图样、钳工相关手册、教材。

学习过程

1. 从加工图样来看，前后锯钮在结构上有何区别?

2. 锯钮采用圆钢作为坯料，结合实际，说出怎样划 8 mm × 8 mm 的方形加工界线。

3. M8 的外螺纹，圆杆直径为多少?

4. 小组讨论，写出套螺纹应注意哪些问题。

5. 根据加工图样，说出锉削加工锯钮时要保证哪些要求。

6. 根据分析，写出锯钮加工步骤。

序号	开始时间	结束时间	工作内容	工具	量具	设备

评价与分析

活动过程评价表

班级		姓名		学号		日期	年　月　日
序号	评价要点				配分	得分	总评
1	能正确划出锯钮加工界线				10		A□（86－100） B□（76－85） C□（60－75） D□（60 以下）
2	能利用锉刀完成前、后锯钮加工				10		
3	M8 螺纹形状完整，无乱牙，无滑牙				15		
4	能写出锯钮的加工步骤				15		
5	锯钮尺寸符合要求				20		
6	加工面能达到表面粗糙度要求				15		
7	与同学之间能相互合作				5		
8	能严格遵守作息时间				5		
9	及时完成老师布置的任务				5		
小结 建议							

学习活动 5　制作方形导套

学习目标

- 能根据方形导套加工图样，确定毛坯尺寸。
- 能利用矫正工具，对坯料进行矫正加工。
- 能根据图样要求，利用弯形工具对材料进行弯形加工。
- 能表述矫正、弯形安全操作规程。

建议学时：4 学时

学习准备

零件图样、钳工相关手册、教材、矫正工具、弯形工具。

学习过程

1. 从加工图样上看，方形导套的厚度为________ mm，属于____（薄、厚）板加工。

2. 金属薄板在加工中容易产生变形，结合下图说出薄板变形形式及矫正的方法。

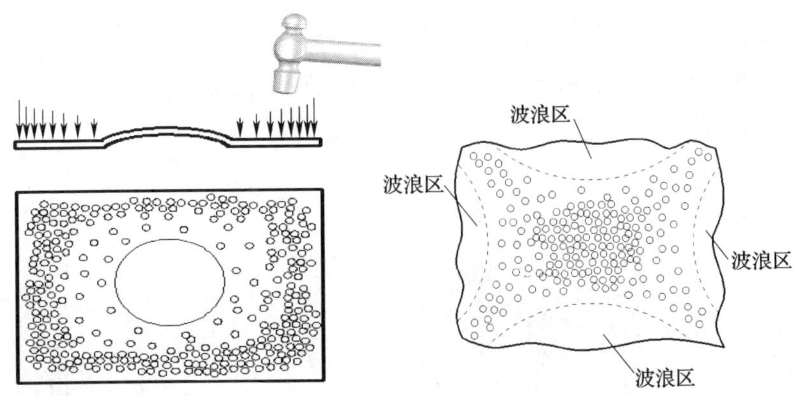

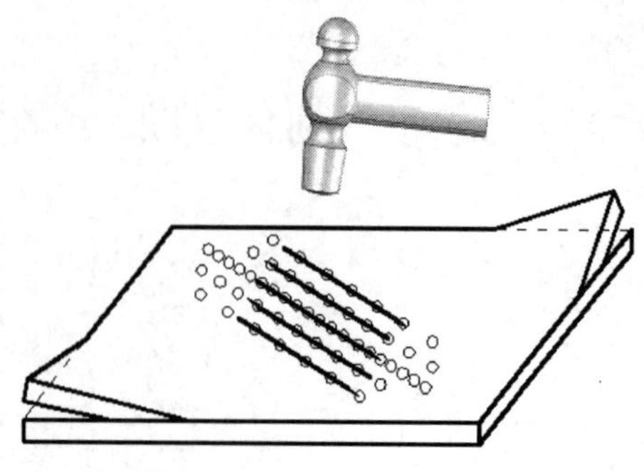

3．方形导套的材料是45钢，能不能进行矫正，为什么？

4．根据实际情况，选择并列出需要的矫正工具。

5．根据方形导套加工图样，计算出所需毛坯的长度尺寸。

6. 弯形过程中，如何避免材料在弯形过程中发生弯裂现象？

7. 根据分析，写出方形导套加工步骤。

序号	开始时间	结束时间	工作内容	工具	量具	设备

8. 查阅资料，小组讨论。

说出矫正和弯形中的安全操作规程。

时间		主题	矫正和弯形的安全操作规程
主持人		成员	
讨论过程			

续表

结论	

评价与分析

活动过程评价表

班级		姓名		学号		日期	年 月 日
序号	评价要点				配分	得分	总评
1	能说出薄板变形形式及矫正的方法				10		A□（86－100） B□（76－85） C□（60－75） D□（60 以下）
2	能对弯形毛坯长度进行计算				10		
3	能利用矫正工具，对坯料进行矫正加工				15		
4	能利用弯形工具，对材料进行弯形加工				15		
5	能写出方形导套的加工步骤				15		
6	方形导套尺寸符合要求				20		
7	与同学之间能相互合作				5		
8	能严格遵守作息时间				5		
9	及时完成老师布置的任务				5		
小结 建议							

学习活动6 铆接方形导套和手柄

学习目标

- 能确定铆钉长度，查阅手册确定铆钉型号。
- 能遵守铆接安全操作规程。
- 能按照铆接工艺过程，采用合理铆接方法完成铆接。

建议学时：4 学时

学习准备

零件图样、钳工相关手册、教材、半圆头铆钉、顶模、罩模、手锤。

学习过程

1. 从锯弓图样上可以看出，弓身与方形导套、手柄之间的连接采用铆接，试结合实际，说出铆接的应用场合。

2. 铆接按使用要求来分，分为活动铆接和固定铆接。按铆接的方法不同来分，分为冷铆、热铆和混合铆。试分析锯弓上的铆接属于哪一类?

3. 铆接时主要需确定的参数有________________、__________、__________。图样中各为多少__________________________。

4. 查阅资料，填写下表。

图示	名称	应用特点
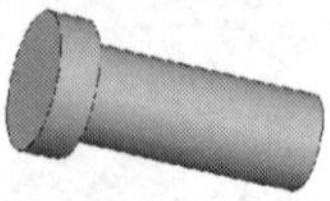		
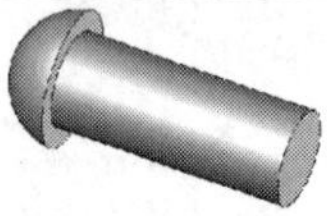		
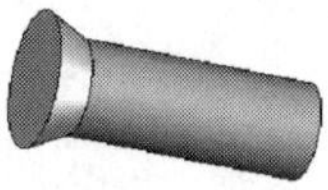		
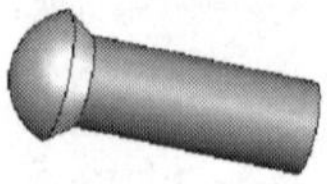		

5. 铆接时，被铆接件的接合形式主要有以下几种（见下表），分别说出各形式的特点及主要应用场合。

图示	名称	特点	主要应用场合
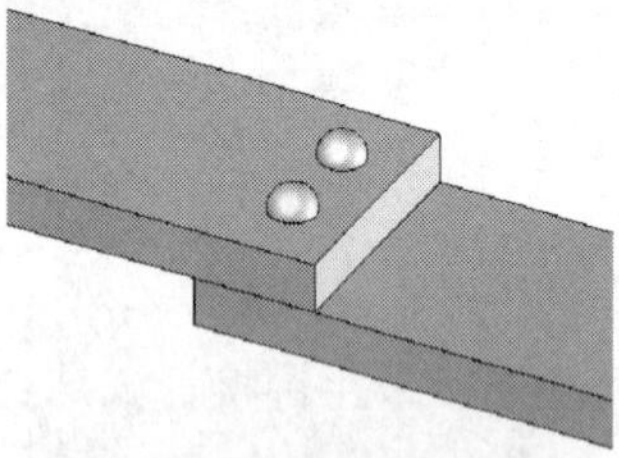			
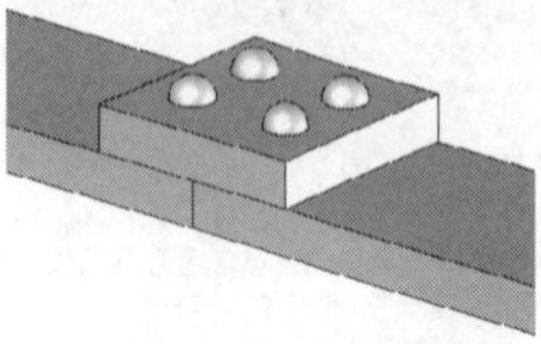			
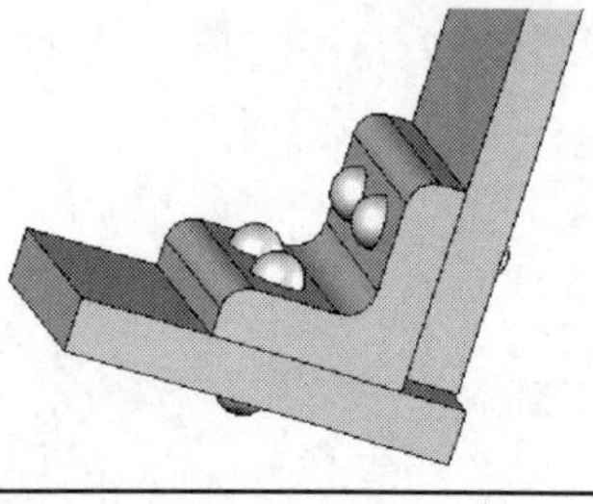			

6. 根据锯弓制作图样，方形导套与弓身之间，手柄与与弓身之间分别采用了什么样的接合形式，为什么？

7. 根据锯弓手柄及方形导套与弓身的铆接要求，查阅钳工手册，选择铆钉型号（规格）。

8. 铆接过程中，顶模如何正确装夹？罩模在使用中应注意哪些事项？

9. 铆接过程中，锤力应怎样合理选择？

10. 根据分析，写出铆接加工步骤。

序号	开始时间	结束时间	工作内容	工具	量具	设备

评价与分析

活动过程评价表

班级		姓名		学号		日期	年　月　日
序号	评价要点				配分	得分	总评
1	能说出铆接的应用场合				5		A□（86－100） B□（76－85） C□（60－75） D□（60 以下）
2	能说出铆接的种类				5		
3	能说出铆钉的种类及应用				10		
4	能确定铆钉长度，查阅手册确定铆钉型号				10		
5	能写出铆接的加工步骤				15		
6	能按照铆接工艺过程，采用合理的铆接方法完成铆接				20		
7	正确使用铆接工具				15		
8	铆合头完整、美观				5		
9	与同学之间能相互合作				5		
10	能严格遵守作息时间				5		
11	及时完成老师布置的任务				5		
小结 建议							

学习活动7　工作总结、成果展示、经验交流

学习目标

- 能正确规范地撰写总结。
- 能采用多种形式进行成果展示。
- 能有效进行工作反馈与经验交流。

建议学时：2 学时

学习准备

课件、展示工件。

学习过程

1. 写出成果展示方案。

2. 写出工作总结和评价。

评价与分析

活动过程评价自评表

班级		姓名		学号		日期	年 月 日		
评价指标	评价要素				权重	等级评定			
						A	B	C	D
信息检索	能有效利用网络资源、工作手册查找有效信息				5%				
	能用自己的语言有条理地去解释、表述所学知识				5%				
	能将查找到的信息有效转换到工作中				5%				
感知工作	是否熟悉工作岗位，认同工作价值				5%				
	在工作中，是否获得满足感				5%				
参与状态	与教师、同学之间是否相互尊重、理解、平等				5%				
	与教师、同学之间是否能够保持多向、丰富、适宜的信息交流				5%				
	探究学习，自主学习不流于形式，处理好合作学习和独立思考的关系，做到有效学习				5%				
	能提出有意义的问题或能发表个人见解；能按要求正确操作；能够倾听、协作、分享				5%				
	积极参与，在产品加工过程中不断学习，提高综合运用信息技术的能力				5%				

续表

班级		姓名		学号		日期	年 月 日		
评价指标	评价要素				权重	等级评定			
						A	B	C	D
学习方法	工作计划、操作技能是否符合规范要求				5%				
	是否获得了进一步发展的能力				5%				
工作过程	遵守管理规程，操作过程符合现场管理要求				5%				
	平时上课的出勤情况和每天完成工作任务情况				5%				
	善于多角度思考问题，能主动发现、提出有价值的问题				5%				
思维状态	是否能发现问题、提出问题、分析问题、解决问题、创新问题				5%				
自评反馈	按时按质完成工作任务				5%				
	较好地掌握了专业知识点				5%				
	具有较强的信息分析能力和理解能力				5%				
	具有较为全面严谨的思维能力并能条理明晰地表述成文				5%				
自评等级									
有益的经验和做法									
总结反思建议									

等级评定：A：好　B：较好　C：一般　D：有待提高

活动过程评价互评表

班级		姓名		学号		日期	年 月 日		
评价指标	评价要素				权重	等级评定			
						A	B	C	D
信息检索	能有效利用网络资源、工作手册查找有效信息				5%				
	能用自己的语言有条理地去解释、表述所学知识				5%				
	能将查找到的信息有效地转换到工作中				5%				

续表

<table>
<tr><td>班级</td><td></td><td>姓名</td><td></td><td>学号</td><td></td><td>日期</td><td colspan="3">年　月　日</td></tr>
<tr><td rowspan="2">评价指标</td><td colspan="4" rowspan="2">评价要素</td><td rowspan="2">权重</td><td colspan="4">等级评定</td></tr>
<tr><td>A</td><td>B</td><td>C</td><td>D</td></tr>
<tr><td rowspan="2">感知工作</td><td colspan="4">是否熟悉工作岗位，认同工作价值</td><td>5%</td><td></td><td></td><td></td><td></td></tr>
<tr><td colspan="4">在工作中，是否获得满足感</td><td>5%</td><td></td><td></td><td></td><td></td></tr>
<tr><td rowspan="5">参与状态</td><td colspan="4">与教师、同学之间是否相互尊重、理解、平等</td><td>5%</td><td></td><td></td><td></td><td></td></tr>
<tr><td colspan="4">与教师、同学之间是否能够保持多向、丰富、适宜的信息交流</td><td>5%</td><td></td><td></td><td></td><td></td></tr>
<tr><td colspan="4">能处理好合作学习和独立思考的关系，做到有效学习</td><td>5%</td><td></td><td></td><td></td><td></td></tr>
<tr><td colspan="4">能提出有意义的问题或能发表个人见解；能按要求正确操作；能够倾听、协作、分享</td><td>5%</td><td></td><td></td><td></td><td></td></tr>
<tr><td colspan="4">积极参与，在产品加工过程中不断学习，综合运用信息技术的能力提高很大</td><td>5%</td><td></td><td></td><td></td><td></td></tr>
<tr><td rowspan="2">学习方法</td><td colspan="4">工作计划、操作技能是否符合规范要求</td><td>5%</td><td></td><td></td><td></td><td></td></tr>
<tr><td colspan="4">是否获得了进一步发展的能力</td><td>5%</td><td></td><td></td><td></td><td></td></tr>
<tr><td rowspan="3">工作过程</td><td colspan="4">是否遵守管理规程，操作过程符合现场管理要求</td><td>5%</td><td></td><td></td><td></td><td></td></tr>
<tr><td colspan="4">平时上课的出勤情况和每天完成工作任务情况</td><td>5%</td><td></td><td></td><td></td><td></td></tr>
<tr><td colspan="4">是否善于多角度思考问题，能主动发现、提出有价值的问题</td><td>5%</td><td></td><td></td><td></td><td></td></tr>
<tr><td>思维状态</td><td colspan="4">是否能发现问题、提出问题、分析问题、解决问题、创新问题</td><td>5%</td><td></td><td></td><td></td><td></td></tr>
<tr><td>互评反馈</td><td colspan="4">能严肃认真地对待互评</td><td>10%</td><td></td><td></td><td></td><td></td></tr>
<tr><td colspan="5">互评等级</td><td colspan="5"></td></tr>
<tr><td>简要评述</td><td colspan="9"></td></tr>
</table>

等级评定：A：好　B：较好　C：一般　D：有待提高

活动过程教师评价表

班级		姓名	学号	权重	评价
知识策略	知识吸收	能设法记住要学习的内容		3%	
		使用多样性手段，通过网络、技术手册等收集到较多有效信息		3%	
	知识构建	自觉寻求不同工作任务之间的内在联系		3%	
	知识应用	将学习到的内容应用到解决实际问题中		3%	
工作策略	兴趣取向	对课程本身感兴趣，熟悉自己的工作岗位，认同工作价值		3%	
	成就取向	学习的目的是获得高水平的成绩		3%	
	批判性思考	谈到或听到一个推论或结论时，会考虑到其他可能的答案		3%	
管理策略	自我管理	若不能很好地理解学习内容，会设法找到该任务相关的其他资讯		3%	
管理策略	过程管理	正确回答工作页中和教师提出的问题		3%	
		能根据提供的材料、工作页和教师指导进行有效学习		3%	
		针对工作任务，能反复查找资料、反复研讨，编制有效工作计划		3%	
		在工作过程中，留有研讨记录		3%	
		在团队合作中，主动承担并完成任务		3%	
	时间管理	有效组织学习时间和按时按质完成工作任务		3%	
	结果管理	在学习过程中有满足、成功与喜悦等体验，对后续学习更有信心		3%	
		根据研讨内容，对讨论知识、步骤、方法进行合理的修改和应用		3%	
		课后能积极有效地进行学习的自我反思，总结学习的长短之处		3%	
		规范撰写工作小结，能进行经验交流与工作反馈		3%	
过程状态	交往状态	与教师、同学之间交流语言得体，彬彬有礼		3%	
		与教师、同学之间保持多向、丰富、适宜的信息交流和合作		3%	
	思维状态	能用自己的语言有条理地去解释、表述所学知识		3%	
		善于多角度思考问题，能主动提出有价值的问题		3%	
	情绪状态	能自我调控好学习情绪，能随着教学进程或解决问题的全过程而产生不同的情绪变化		3%	
	生成状态	能总结当堂学习所得，或提出深层次的问题		3%	
	组内合作过程	分工及任务目标明确，并能积极组织或参与小组工作		3%	
		积极参与小组讨论并能充分地表达自己的思想或意见		3%	

续表

<table>
<tr><td>班级</td><td colspan="2"></td><td>姓名</td><td></td><td>学号</td><td></td><td>权重</td><td>评价</td></tr>
<tr><td rowspan="4">过程状态</td><td rowspan="3">组际总结过程</td><td colspan="5">能采取多种形式，展示本小组的工作成果，并进行交流反馈</td><td>3%</td><td></td></tr>
<tr><td colspan="5">对其他组学生提出的疑问能做出积极有效的解释</td><td>3%</td><td></td></tr>
<tr><td colspan="5">认真听取其他组的汇报发言，并能大胆质疑或提出不同意见或更深层次的问题</td><td>3%</td><td></td></tr>
<tr><td>工作总结</td><td colspan="5">规范撰写工作总结</td><td>3%</td><td></td></tr>
<tr><td>自评</td><td>综合评价</td><td colspan="5">按照《活动过程评价自评表》，严肃认真地对待自评</td><td>5%</td><td></td></tr>
<tr><td>互评</td><td>综合评价</td><td colspan="5">按照《活动过程评价互评表》，严肃认真地对待互评</td><td>5%</td><td></td></tr>
<tr><td colspan="5">总评等级</td><td colspan="4"></td></tr>
<tr><td>建议</td><td colspan="8">评定人：（签名）　　年　月　日</td></tr>
</table>

等级评定：A：好　B：较好　C：一般　D：有待提高

制件评价

一、展示评价

把个人制作好的制件先进行分组展示，再由小组推荐代表作必要的介绍。在展示的过程中，以组为单位进行评价；评价完成后，根据其他组成员对本组展示成果的评价意见进行归纳总结。主要评价项目如下：

1. 展示的产品是否符合技术标准？

   合格□　不良□　返修□　报废□

2. 与其他组相比，本小组的产品工艺是否合理？

   工艺优化□　工艺合理□　工艺一般□

3. 本小组介绍成果时，表达是否清晰合理？

   很好□　一般，需要补充□　不清晰□

4. 本小组演示产品检测方法时，操作是否正确？

   正确□　部分正确□　不正确□

5. 本小组演示操作时，是否遵循了“6S”的工作要求？

   符合工作要求□　忽略了部分要求□　完全没有遵循 □

6. 本小组的成员，团队创新精神如何?

良好☐　　一般 ☐　　不足☐

7. 总结这次任务，本组是否达到学习目标? 你给予本组的评分是多少? 对本组的建议是什么?

学生：(签名)　　年　　月　　日

二、教师对展示的作品分别作评价

1. 针对展示过程中各组的优点进行点评。

2. 针对展示过程中各组的缺点进行点评，提出改进方法。

3. 总结整个任务完成中出现的亮点和不足。

三、综合评价

指导教师：(签名) ________

________年________月________日

任务三　划 规 制 作

学习目标

1. 能接受划规制作任务，明确加工工期、加工要求，服从工作安排。

2. 能正确识读划规加工图样，说出划规各部分加工所需达到的极限尺寸、极限偏差、材料、表面质量要求及划规的结构特点。

3. 对照划规加工图样，能看懂划规加工工艺步聚，确定划规加工方法。

4. 能按加工工艺步聚完成划规各部分的加工并进行组装。

5. 能按检测要求，正确选用量具并进行检测。

6. 能撰写工作总结，采用多种形式进行成果展示。

建议学时

40 学时

工作情境描述

某师傅根据实际生产的需要，设计了一个划规的加工图样，如下图所示。考虑到单件加工，所以生产采用钳加工的方法来完成。若将加工任务安排给你，试采用手工操作来完成该划规的制作。

零件图

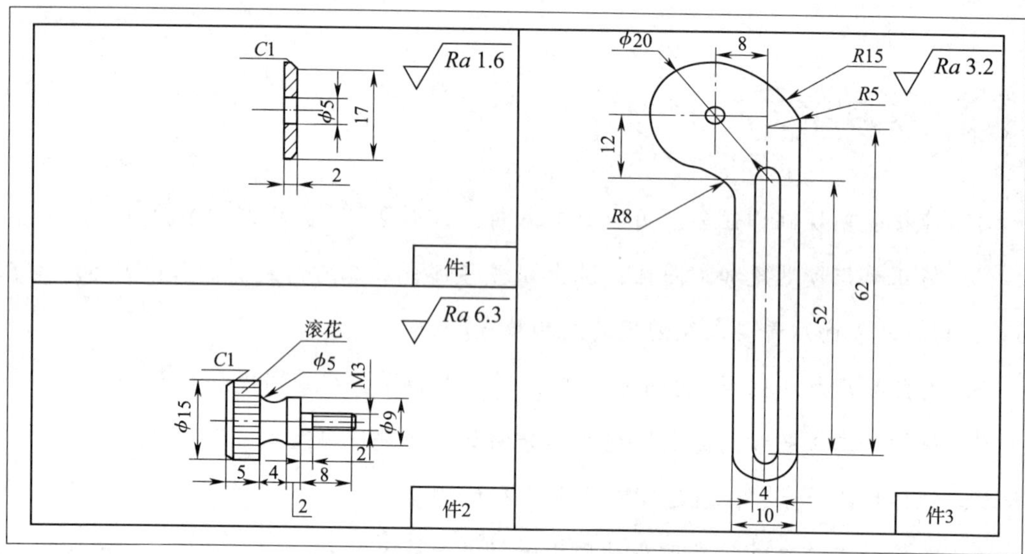
C1
Ra 1.6
φ5
17
2
件1
Ra 6.3
滚花
C1
φ5
M3
φ15
φ9
5
4
8
2
2
件2
φ20
8
R15
R5
Ra 3.2
12
R8
52
62
4
10
件3

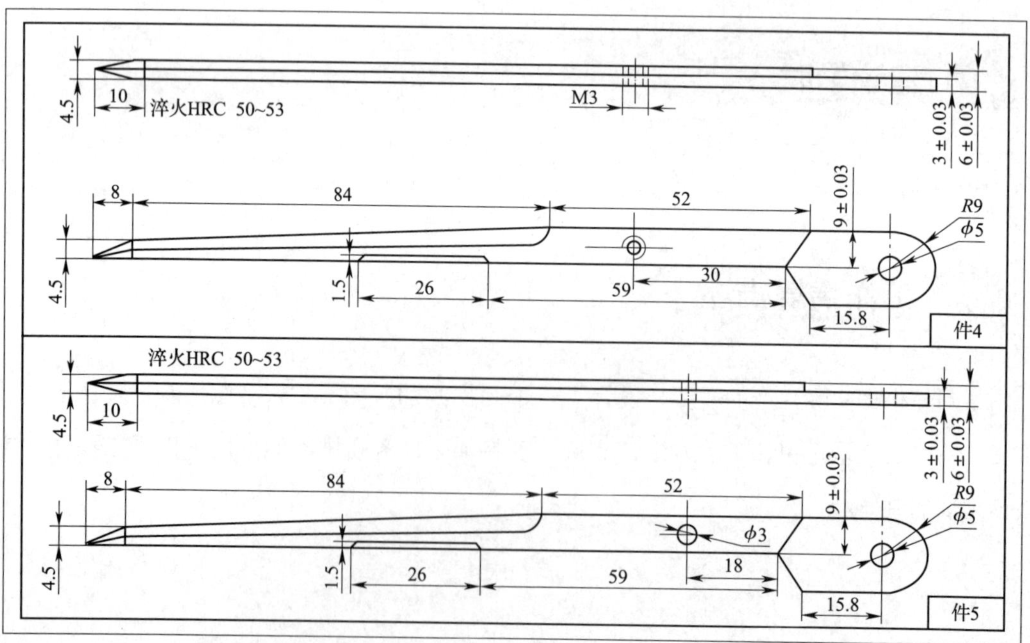
4.5
10
淬火HRC 50~53
M3
3 ± 0.03
6 ± 0.03
8
84
52
9 ± 0.03
R9
φ5
4.5
1.5
26
59
30
15.8
件4
淬火HRC 50~53
4.5
10
3 ± 0.03
6 ± 0.03
8
84
52
9 ± 0.03
R9
φ5
φ3
4.5
1.5
26
59
18
15.8
件5

加工工艺步骤

<table>
<tr><th colspan="9">划规加工工艺步骤</th></tr>
<tr><th>序号</th><th>工步名称</th><th>设备名称</th><th>设备型号</th><th>工具编号</th><th>工具名称</th><th>工序内容</th><th>单位工时</th><th>备注</th></tr>
<tr><td>1</td><td>检查</td><td rowspan="7">台虎钳、钻床</td><td rowspan="7">Z516－1台钻</td><td></td><td>手锤、钢板尺</td><td>对两划规脚毛坯作形状及尺寸检查，并进行矫正</td><td></td><td></td></tr>
<tr><td>2</td><td>粗锉</td><td></td><td>锉刀、游标卡尺</td><td>加工两划规脚外平面及内侧平面</td><td></td><td></td></tr>
<tr><td>3</td><td>划线</td><td></td><td>高度游标卡尺、V 型铁、划针、钢板尺</td><td>划线</td><td></td><td></td></tr>
<tr><td>4</td><td>锉配</td><td></td><td>锉刀、角度样板</td><td>两划规脚角度锉配</td><td></td><td></td></tr>
<tr><td>5</td><td>钻攻</td><td></td><td>锉刀、钻头、丝锥、绞杠、手锤、样冲</td><td>加工 ϕ5 mm 孔，两脚合并按线进行外形粗锉，并在右脚上攻 M3 螺纹孔</td><td></td><td></td></tr>
<tr><td>6</td><td>铆接锉削</td><td></td><td>手锤、锉刀、木锤、铜锤、顶模、压紧冲头、罩模</td><td>用 ϕ5 mm 铆钉铆接，精加工划规脚外形，达到图纸要求</td><td></td><td></td></tr>
<tr><td>7</td><td>锉削</td><td></td><td>锉刀、钢板尺、划针</td><td>脚尖锉削成型，加工活动连板。</td><td></td><td></td></tr>
<tr><td>8</td><td>铆接</td><td></td><td></td><td></td><td>木锤、铜锤、顶模、压紧冲头、手锤、罩模</td><td>用 ϕ3 mm 铆钉铆接活动连接板</td><td></td><td></td></tr>
<tr><td>9</td><td>检验</td><td></td><td></td><td></td><td>锉刀、砂布、游标卡尺、90°角尺</td><td>打光，去毛刺、倒棱，全面质量复查</td><td></td><td></td></tr>
<tr><td>编制</td><td></td><td>审核</td><td></td><td>批准</td><td></td><td>会签</td><td></td><td>编制日期</td><td></td></tr>
</table>

工作流程与活动

接受任务后，识读划规制作图样，获取划规的结构特点、尺寸要求等有效信息，按照加工工艺步聚，独立利用划针、钢直尺、高度尺等划线工具划出加工界线，采用锯削、锉削、钻孔、铆接、攻丝等加工方法加工出划规。选择符合检测要求的量具对划规进行自检，交检验人员验收合格后，填写工作单。工作完成后按照现场管理规范清理场地、归置物品，并按照环保规定处置废弃物。

◇ 活动 1　接受工作任务，制定工作计划（4 学时）

◇ 活动 2　检查划规坯料（2 学时）

◇ 活动 3　加工划规左右两脚（20 学时）

◇ 活动 4　铆接及精加工划规左右两脚（6 学时）

◇ 活动 5　制作活动连板（4 学时）

◇ 活动 6　工作总结、成果展示、经验交流（4 学时）

学习活动1 接受工作任务，制定工作计划

学习目标

- 能正确识读划规加工图样。
- 能正确分析零件加工尺寸要求。
- 能看懂划规加工工艺步聚。
- 能制定合理的进度计划。
- 能独立查阅划规的相关资料。

建议学时：4学时

学习准备

划规图样、制图手册、教材、绘图工具等。

学习过程

1. 写出划规各零件的名称。

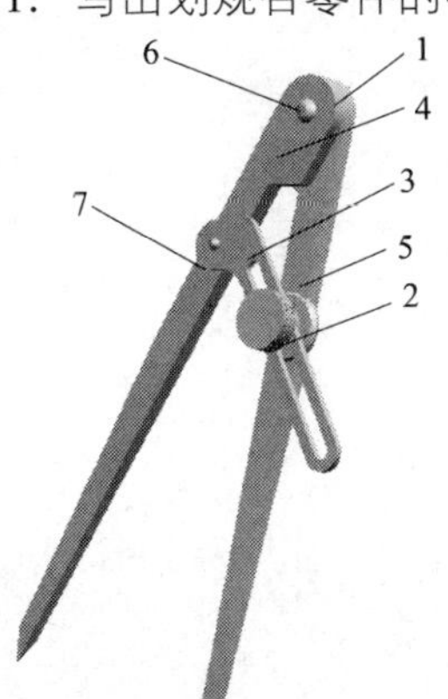

序号	零件名称	材料	数量
1			
2			
3			
4			
5			
6			
7			

2．分析划规图样，确定其基本形状、基本尺寸及精度要求。

基本形状：

基本尺寸：

精度要求：

3．查阅工程制图资料，了解轴测图的概念及正等轴测图的绘制步骤。

（1）轴测图的概念。

（2）正等轴测图的绘制步骤。

4．小组讨论划规制作图样，对成品效果进行预期分析。

时间		主题	划规成品预期效果
主持人		成员	
讨论 过程			
结论			

5．绘制划规的正等轴测图。

6. 根据划规加工工艺步骤，写出所用的工、量具。

序号	名称	规格	用途	备注
1				
2				
3				
4				
5				
6				
7				

7. 根据划规加工工艺步骤，安排工作进度。

序号	开始时间	结束时间	工作内容	工作要求	备注

8. 根据小组成员特点，完成工作进度计划中的分工。

小组成员名单	成员特点	小组中的分工	备注

评价与分析

活动过程评价表

<table>
<tr><td>班级</td><td></td><td>姓名</td><td></td><td>学号</td><td></td><td>日期</td><td>年 月 日</td></tr>
<tr><td>序号</td><td colspan="5">评价要点</td><td>配分</td><td>得分</td><td>总评</td></tr>
<tr><td>1</td><td colspan="5">能按要求穿戴劳保用品</td><td>10</td><td></td><td rowspan="12">A□（86－100）
B□（76－85）
C□（60－75）
D□（60以下）</td></tr>
<tr><td>2</td><td colspan="5">能分析划规图样的基本形状、基本尺寸及精度要求</td><td>10</td><td></td></tr>
<tr><td>3</td><td colspan="5">能写出划规各零件的名称</td><td>5</td><td></td></tr>
<tr><td>4</td><td colspan="5">能写出轴测图的定义及正等轴测图的绘制步骤</td><td>5</td><td></td></tr>
<tr><td>5</td><td colspan="5">能记录小组讨论过程</td><td>5</td><td></td></tr>
<tr><td>6</td><td colspan="5">能绘制出划规的轴测图</td><td>10</td><td></td></tr>
<tr><td>7</td><td colspan="5">能选择选择相应的工、量具</td><td>10</td><td></td></tr>
<tr><td>8</td><td colspan="5">能制定制作划规的工作计划</td><td>15</td><td></td></tr>
<tr><td>9</td><td colspan="5">与同学之间能相互合作</td><td>10</td><td></td></tr>
<tr><td>10</td><td colspan="5">能用专业术语进行交流</td><td>10</td><td></td></tr>
<tr><td>11</td><td colspan="5">能严格遵守作息时间</td><td>5</td><td></td></tr>
<tr><td>12</td><td colspan="5">及时完成老师布置的任务</td><td>5</td><td></td></tr>
<tr><td>小结
建议</td><td colspan="8"></td></tr>
</table>

学习活动2　检查划规坯料

学习目标

- 能正确检查划规坯料。
- 能矫正划规坯料。

建议学时：2 学时

学习准备

划规图样、制图手册、教材、游标卡尺、钢板尺、台虎钳、手钳、手锤等。

学习过程

1. 写出矫正的定义和分类，并分析矫正的实质。

（1）矫正的定义：

（2）矫正的分类：

(3) 矫正的实质：

2. 查阅相关资料，了解常用手工矫正工具的名称及应用特点，填写在下表中。

序号	图示	工具名称	应用特点
1			
2	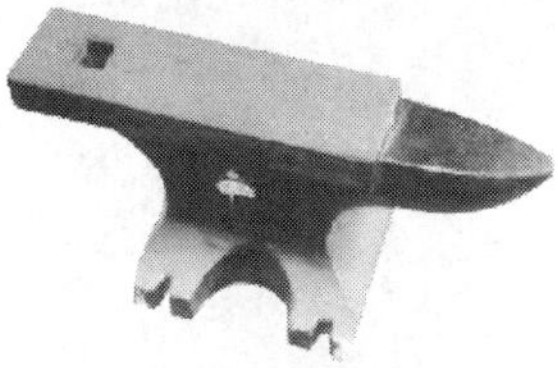		
3	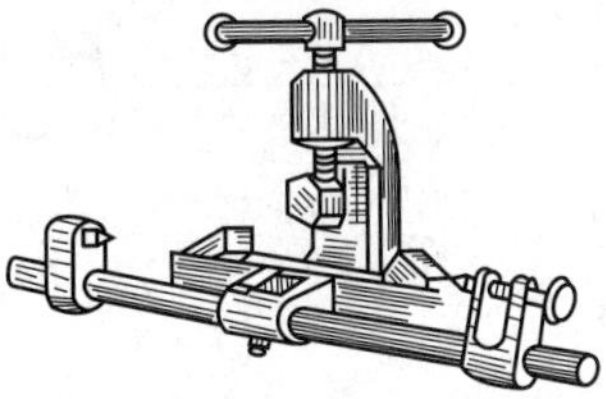		
4	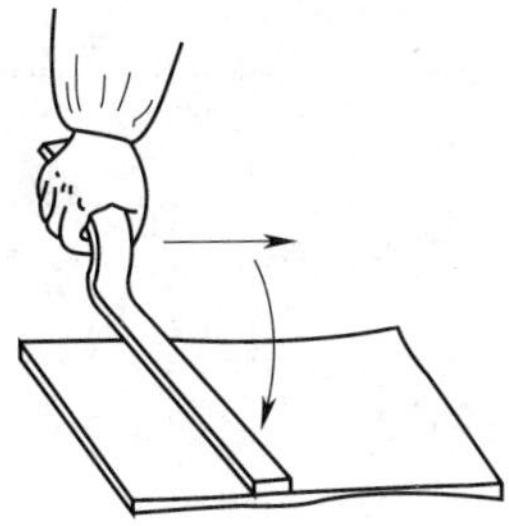		
5	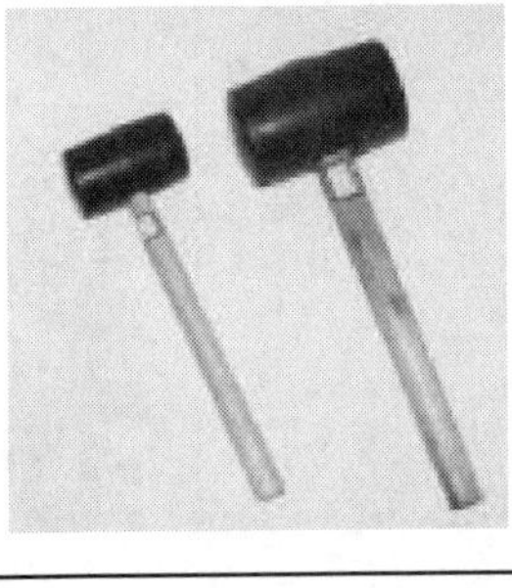		

3. 查阅相关资料，了解常用矫正方法的特点，填写在下表中。

序号	矫正方法	图示	矫正特点
1	延展法	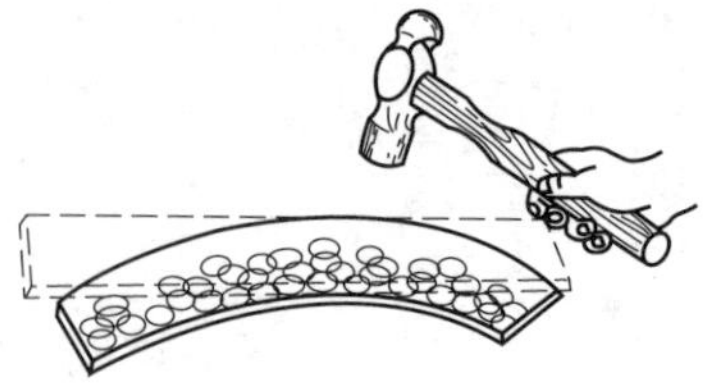	
2	弯形法	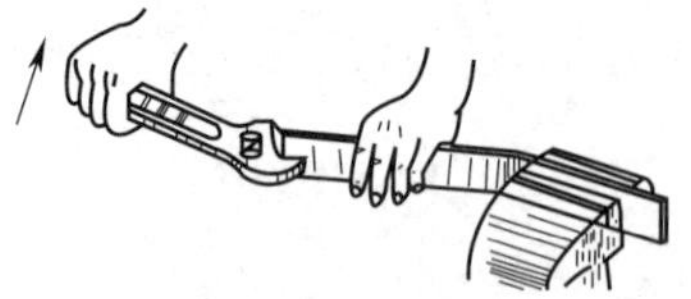	
3	扭转法	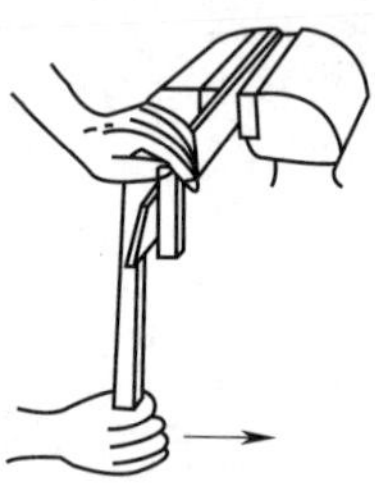	
4	伸张法	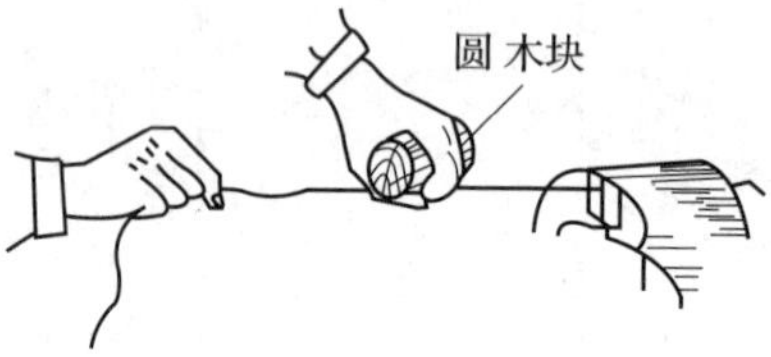 圆木块	

4. 检查划规坯料的形状、尺寸、平直情况，将检查结果及处理方法填写在下表中。

序号	检查项目	检查结果	处理方法
1	坯料形状是否满足加工要求		
2	坯料尺寸是否满足加工要求		
3	划规坯料是否平直		

5. 检查坯料平面度是否合格，如不合格，写出矫正的方法。

评价与分析

活动过程评价表

<table>
<tr><td>班级</td><td></td><td>姓名</td><td></td><td>学号</td><td></td><td>日期</td><td>年　月　日</td></tr>
<tr><td>序号</td><td colspan="5">评价要点</td><td>配分</td><td>得分</td><td>总评</td></tr>
<tr><td>1</td><td colspan="4">能按要求穿戴劳保用品</td><td>5</td><td></td><td rowspan="10">A□（86－100）
B□（76－85）
C□（60－75）
D□（60 以下）</td></tr>
<tr><td>2</td><td colspan="4">能写出矫正的定义、分类及实质</td><td>5</td><td></td></tr>
<tr><td>3</td><td colspan="4">能写出手工矫正的工具</td><td>10</td><td></td></tr>
<tr><td>4</td><td colspan="4">能分析各种矫正方法的特点</td><td>10</td><td></td></tr>
<tr><td>5</td><td colspan="4">能正确检查划规坯料</td><td>20</td><td></td></tr>
<tr><td>6</td><td colspan="4">能对划规坯料进行矫正</td><td>20</td><td></td></tr>
<tr><td>7</td><td colspan="4">与同学之间能相互合作</td><td>10</td><td></td></tr>
<tr><td>8</td><td colspan="4">能用专业术语进行交流</td><td>10</td><td></td></tr>
<tr><td>9</td><td colspan="4">能严格遵守作息时间</td><td>5</td><td></td></tr>
<tr><td>10</td><td colspan="4">及时完成老师布置的任务</td><td>5</td><td></td></tr>
<tr><td>小结
建议</td><td colspan="7"></td></tr>
</table>

学习活动 3　加工划规左右两脚

学习目标

- 能按划规图样，正确划出划规两脚加工界线。
- 能按图样及工艺要求制作划规两脚。
- 能进行钻孔、攻丝和铰孔加工。

建议学时：20 学时

学习准备

图样、任务书、教材、90°角尺、游标卡尺、高度游标卡尺、V 型铁、划针、钢板尺、角度样板、手锤、锉刀、钻头、丝锥、砂轮机、铰刀、铰杠、机油、棉纱等。

学习过程

1. 锉削划规两脚的基准面。

（1）写出厚度为 6 mm 的外平面的技术要求。

（2）写出宽度为 9 mm 的内平面的技术要求。

2. 锉配 120°两划规角。

（1）写出划 3 mm 加工线的步骤。

（2）写出划内外 120°角加工线的步骤。

（3）根据划规图样，写出锉配 120°两划规角的技术要求。

序号	加工步骤	技术要求
1	锉 120°内角	
2	锉 3 mm 尺寸	
3	锉 120°外角	
4	120°内外角配合	

3. 钻削 ϕ5 mm 孔。

（1）写出划 ϕ5 mm 孔位线的步骤。

（2）写出右图所示标准麻花钻切削部分的名称。

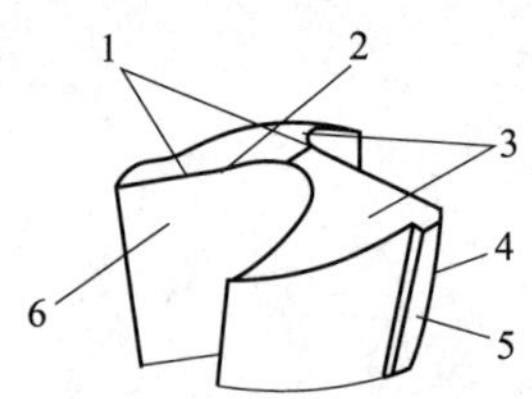

（3）分析标准麻花钻的结构，写出各部分的作用。

（4）在下图中标注出标准麻花钻切削部分的顶角、横刃斜角以及主切削刃上 *A* 点的前角和后角。

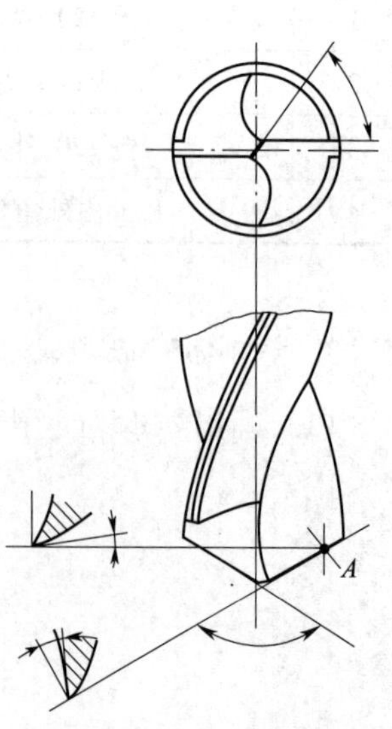

（5）抄写砂轮机安全操作规程。

（6）填写刃磨 ϕ5 mm 标准麻花钻的操作要领。

序号	刃磨步骤	示意图	操作要领
1	刃磨两主后面	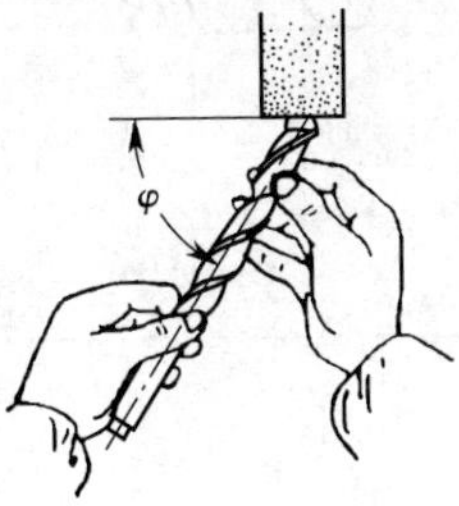 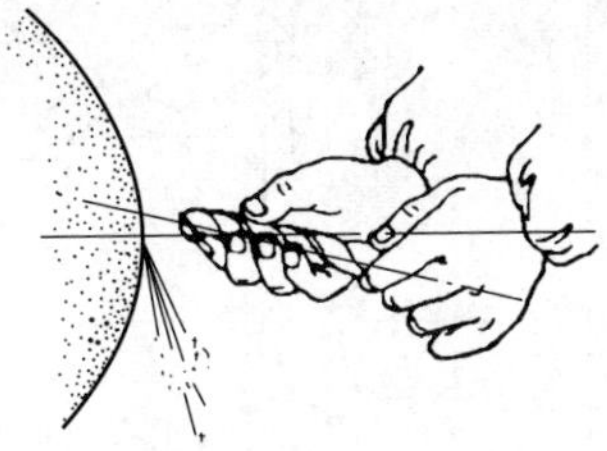	
2	刃磨检验	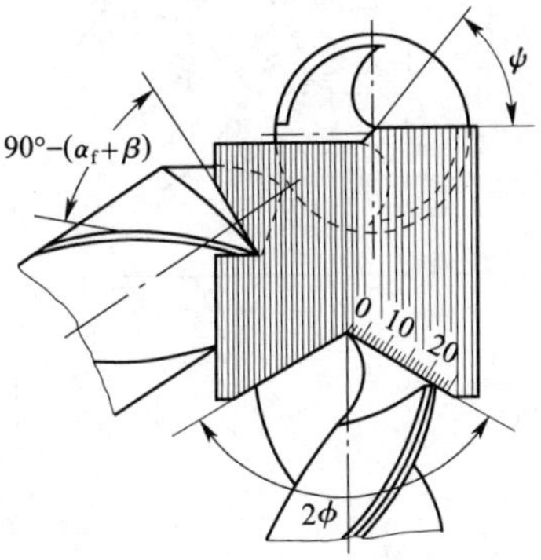	
3	修磨横刃	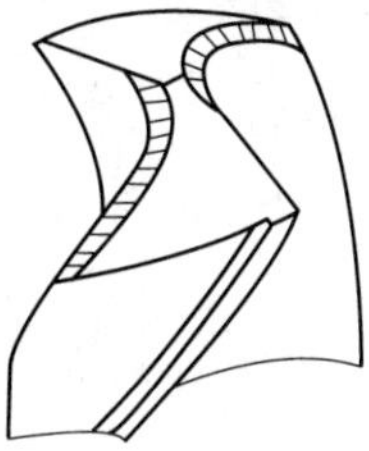 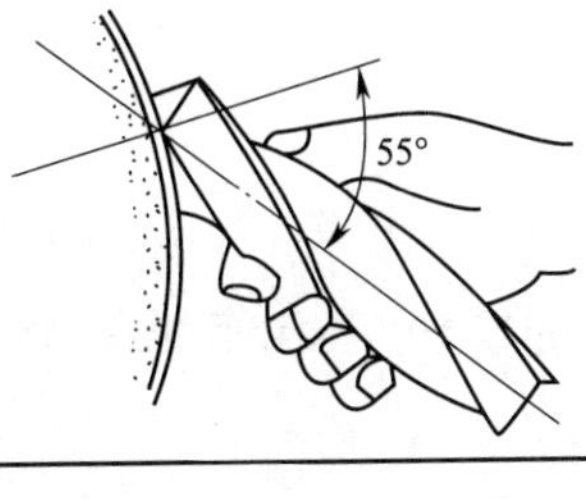	

续表

序号	刃磨步骤	示意图	操作要领
4	修磨圆弧刃	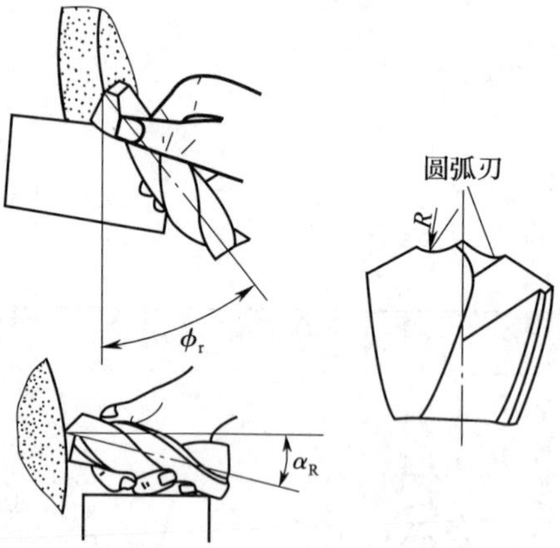 圆弧刃 R ϕ_r α_R	
5	修磨分屑槽	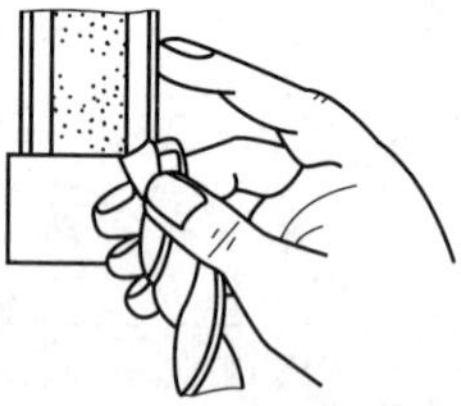	

（7）写出刃磨钻头时的注意事项。

4．铰削 $\phi5$ mm 孔。

（1）铰孔一般可达________级，表面粗糙度可达________。

（2）结合下图所示各种类型的铰刀，查阅相关资料，在下表中写出常用铰刀的结构特点与应用。

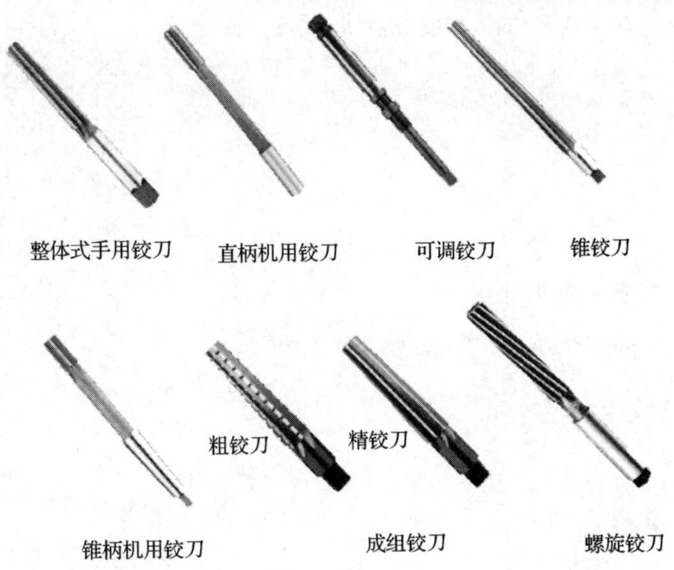

<table>
<tr><th colspan="3">分类</th><th>结构特点与应用</th></tr>
<tr><td rowspan="2">按使用方法</td><td colspan="2">手用铰刀</td><td></td></tr>
<tr><td colspan="2">机用铰刀</td><td></td></tr>
<tr><td rowspan="2">按结构</td><td colspan="2">整体式铰刀</td><td></td></tr>
<tr><td colspan="2">可调式铰刀</td><td></td></tr>
<tr><td rowspan="6">按外部形状</td><td colspan="2">直槽铰刀</td><td></td></tr>
<tr><td rowspan="4">锥铰刀</td><td>1∶10 锥铰刀</td><td></td></tr>
<tr><td>莫氏锥铰刀</td><td></td></tr>
<tr><td>1∶30 锥铰刀</td><td></td></tr>
<tr><td>1∶50 锥铰刀</td><td></td></tr>
<tr><td colspan="2">螺旋槽铰刀</td><td></td></tr>
<tr><td rowspan="2">按切削部分材料</td><td colspan="2">高速钢铰刀</td><td></td></tr>
<tr><td colspan="2">硬质合金铰刀</td><td></td></tr>
</table>

（3）查阅相关资料，写出选择铰削用量的原则，并确定件 4、件 5 中 $\phi5$ mm 孔的铰削余量。

（4）写出铰削 ϕ5 mm 孔的操作要点。

5．锉削划规两脚外形尺寸。

（1）写出划 9 mm、18 mm、6 mm 加工线的步骤。

（2）写出锉削划规两脚外形的技术要点。

6．攻 M3 螺纹。

（1）计算攻 M3 螺纹时底孔直径的大小。

（2）写出划底孔加工线的步骤。

（3）在下图中标出丝锥各组成部分的名称。

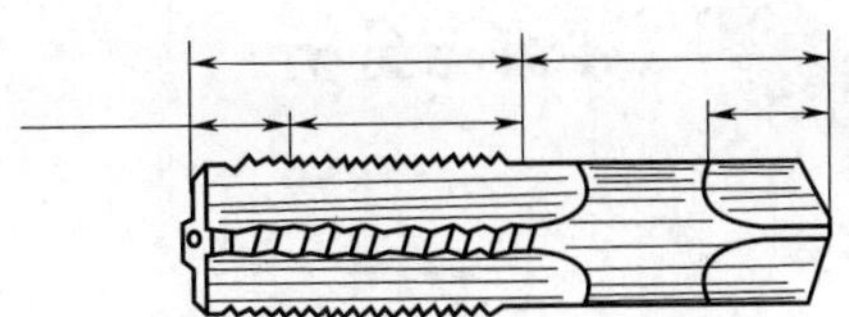

（4）写出攻螺纹时的注意事项。

（5）写出攻 M3 螺纹的操作步骤。

（6）查阅资料，分组组讨论。

<table>
<tr><td>时间</td><td></td><td>主题</td><td colspan="2">攻螺纹质量问题产生的原因</td></tr>
<tr><td>主持人</td><td></td><td>成员</td><td colspan="2"></td></tr>
<tr><td rowspan="6">讨论过程</td><td colspan="2">出现问题</td><td colspan="2">产生原因</td></tr>
<tr><td colspan="2">螺纹乱牙</td><td colspan="2"></td></tr>
<tr><td colspan="2">螺纹滑牙</td><td colspan="2"></td></tr>
<tr><td colspan="2">螺纹歪斜</td><td colspan="2"></td></tr>
<tr><td colspan="2">螺纹形状不完整</td><td colspan="2"></td></tr>
<tr><td colspan="2">丝锥折断</td><td colspan="2"></td></tr>
<tr><td>结论</td><td colspan="4"></td></tr>
</table>

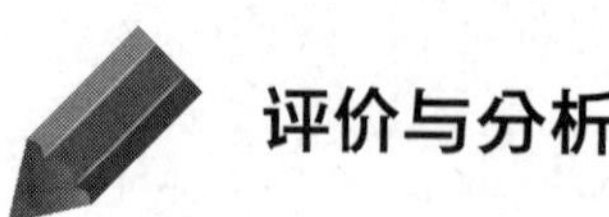

评价与分析

活动过程评价表

<table>
<tr><td>班级</td><td></td><td>姓名</td><td></td><td>学号</td><td></td><td>日期</td><td>年　月　日</td></tr>
<tr><td>序号</td><td colspan="4">评价要点</td><td>配分</td><td>得分</td><td>总评</td></tr>
<tr><td>1</td><td colspan="4">能按要求穿戴劳保用品</td><td>5</td><td></td><td rowspan="11">A□（86－100）
B□（76－85）
C□（60－75）
D□（60 以下）</td></tr>
<tr><td>2</td><td colspan="4">能锉削划规两脚的基准面</td><td>5</td><td></td></tr>
<tr><td>3</td><td colspan="4">能锉配 120°两划规角</td><td>10</td><td></td></tr>
<tr><td>4</td><td colspan="4">能正确钻削 $\phi5$ mm 孔</td><td>10</td><td></td></tr>
<tr><td>5</td><td colspan="4">能正确铰削 $\phi5$ mm 孔</td><td>15</td><td></td></tr>
<tr><td>6</td><td colspan="4">能锉削划规两脚外形尺寸</td><td>15</td><td></td></tr>
<tr><td>7</td><td colspan="4">能正确攻 M3 螺纹</td><td>10</td><td></td></tr>
<tr><td>8</td><td colspan="4">与同学之间能相互合作</td><td>10</td><td></td></tr>
<tr><td>9</td><td colspan="4">能用专业术语进行交流</td><td>10</td><td></td></tr>
<tr><td>10</td><td colspan="4">能严格遵守作息时间</td><td>5</td><td></td></tr>
<tr><td>11</td><td colspan="4">及时完成老师布置的任务</td><td>5</td><td></td></tr>
<tr><td>小结
建议</td><td colspan="7"></td></tr>
</table>

学习活动 4 铆接及精加工划规左右两脚

学习目标

- 能对划规进行活动铆接。
- 能按图样要求对划规进行精加工。

建议学时：6 学时

学习准备

教材、划规图样等。

学习过程

1. 铆接两划规脚。

（1）查阅相关资料，写出铆接的定义及特点。

（2）查阅相关资料，填写铆接的种类及应用。

铆接种类			结构特点及应用
按使用要求分类	活动铆接		
	固定铆接	强固铆接	
		紧密铆接	
		强密铆接	

续表

铆接种类		结构特点及应用
按铆接方法分类	冷铆	
	热铆	
	混合铆	

（3）查阅相关资料，写出铆接工具名称。

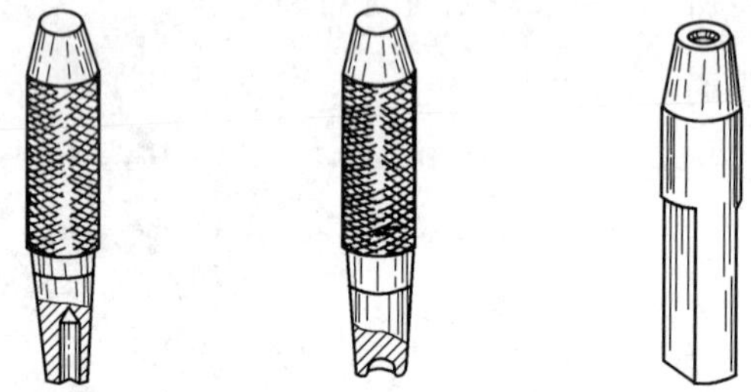

a) b) c)

a 图：＿＿＿＿＿＿＿＿；b 图：＿＿＿＿＿＿＿＿；c 图：＿＿＿＿＿＿＿＿。

（4）查阅相关资料，写出铆钉的种类及应用。

名称	形状	应用
平头铆钉	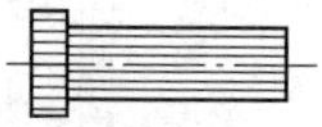	
半圆头铆钉	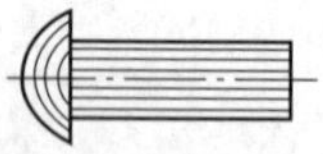	
沉头铆钉	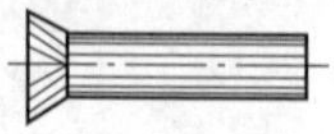	
半圆沉头铆钉	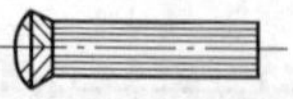	
管状空心铆钉	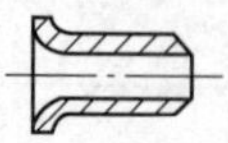	
皮带铆钉	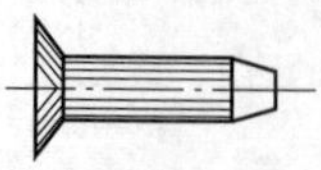	

（5）查阅相关资料，写出常见的铆接形式。

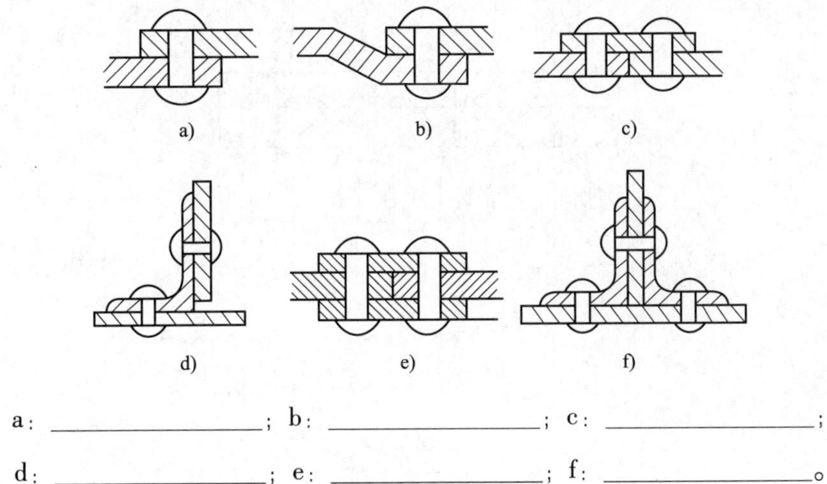

a：________________；b：________________；c：________________；

d：________________；e：________________；f：________________。

（6）查阅相关资料，写出铆钉型号的含义。

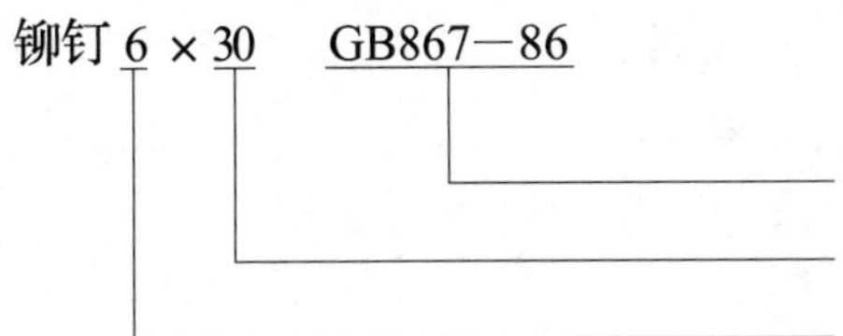

（7）根据钉孔直径 ϕ5 mm 和划规两脚铆接部位厚度 3 mm，选择铆钉直径、长度。

（8）结合下图，试述半圆头铆钉铆接的过程。

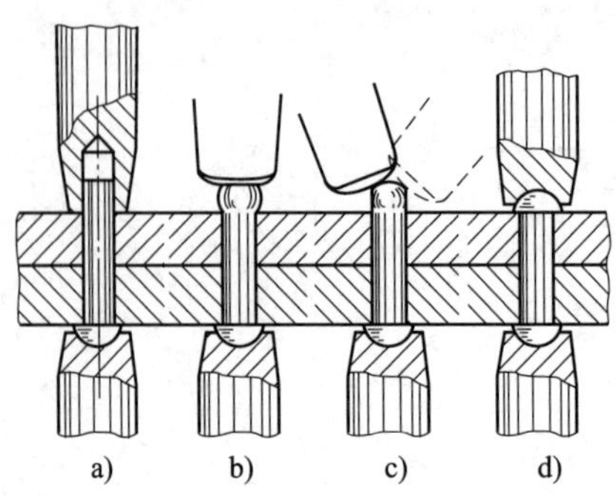

2．查阅资料，小组讨论。

时间		主题	如何保证铆接后两脚转动的松紧程度
主持人		成员	
讨论过程			
结论			

3. 精加工外形尺寸。

（1）写出外形尺寸及精度要求。

（2）写出 *R*9 的加工步骤。

4. 加工倒角、内侧捏手槽及脚尖。

（1）写出外侧倒角线及内侧捏手槽位置线的划线步骤。

（2）写出加工外侧倒角线及内侧捏手槽的技术要点。

（3）写出加工划规脚尖时应注意的问题。

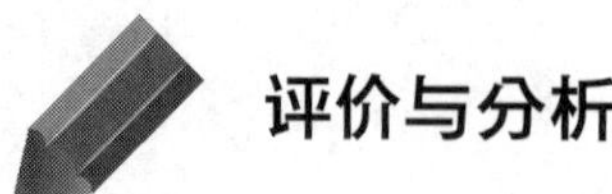

评价与分析

活动过程评价表

班级		姓名		学号		日期	年 月 日
序号	评价要点				配分	得分	总评
1	能按要求穿戴劳保用品				5		A□（86－100） B□（76－85） C□（60－75） D□（60 以下）
2	能正确铆接两划规脚				5		
3	能认真讨论铆接后两脚转动的松紧程度，并做好记录				10		
4	能精加工外形尺寸，并达到技术要求				10		
5	能划出倒角、内侧捏手槽加工线				20		
6	能加工划规倒角、内侧捏手槽及脚尖				20		
7	与同学之间能相互合作				10		
8	能用专业术语进行交流				10		
9	能严格遵守作息时间				5		
10	及时完成老师布置的任务				5		
小结建议							

学习活动 5　制作活动连板

学习目标

- 能按图样加工出活动连板。
- 能正确配钻铆钉孔并铆接活动连板。
- 能完成划规活动连板的组装。
- 能按要求对划规加工质量进行检测。

建议学时：4 学时

学习准备

划规图样、教材等。

学习过程

1. 写出活动连板的划线步骤。

2. 分析活动连板中间槽的加工工艺。

3．写出配钻 $\phi3$ mm 孔的技术要点。

4．分析活动连板的铆接过程。

5．根据图样要求，对划规加工质量进行检测（将测量到的项目数值填入下表，备注项中填入测量用量具规格或测量方法；并对不合格项进行原因分析）。

序号	项目名称	图样要求	实测数值	备注
1				
2				
3				
4				
5				
6				
7				
8				
9				
10				
11				

不合格项原因分析：

评价与分析

活动过程评价表

班级		姓名		学号		日期	年 月 日
序号	评价要点				配分	得分	总评
1	能按要求穿戴劳保用品				5		A□（86－100） B□（76－85） C□（60－75） D□（60 以下）
2	能写出活动连板的划线步骤				5		
3	能分析活动连板中间槽的加工工艺				10		
4	能写出配钻 $\phi3$ mm 孔的技术要点				10		
5	能分析活动连板的铆接过程				20		
6	能对划规的加工质量进行全面检测				20		
7	与同学之间能相互合作				10		
8	能用专业术语进行交流				10		
9	能严格遵守作息时间				5		
10	及时完成老师布置的任务				5		
小结 建议							

学习活动 6　工作总结、成果展示、经验交流

学习目标

- 能正确规范地撰写总结。
- 能采用多种形式进行成果展示。
- 能有效进行工作反馈与经验交流。

建议学时：4 学时

学习准备

展板、制件、多媒体演示稿、计算机等。

学习过程

1. 写出制作划规的工作情况报告。

2. 写出成果展示方案。

3. 写出完成本任务的心得体会及今后努力的方向。

评价与分析

活动过程评价自评表

班级		姓名		学号		日期	年 月 日		
评价指标	评价要素				权重	等级评定			
						A	B	C	D
信息检索	能有效利用网络资源、工作手册查找有效信息				5%				
	能用自己的语言有条理地去解释、表述所学知识				5%				
	能将查找到的信息有效转换到工作中				5%				
感知工作	是否熟悉工作岗位，认同工作价值				5%				
	在工作中，是否获得满足感				5%				
参与状态	与教师、同学之间是否相互尊重、理解、平等				5%				
	与教师、同学之间是否能够保持多向、丰富、适宜的信息交流				5%				
	探究学习，自主学习不流于形式，处理好合作学习和独立思考的关系，做到有效学习				5%				
	能提出有意义的问题或能发表个人见解；能按要求正确操作；能够倾听、协作、分享				5%				
	积极参与，在产品加工过程中不断学习，提高综合运用信息技术的能力				5%				

续表

班级		姓名		学号		日期	年　月　日		
评价指标	评价要素				权重	等级评定			
						A	B	C	D
学习方法	工作计划、操作技能是否符合规范要求				5%				
	是否获得了进一步发展的能力				5%				
工作过程	遵守管理规程，操作过程符合现场管理要求				5%				
	平时上课的出勤情况和每天完成工作任务情况				5%				
	善于多角度思考问题，能主动发现、提出有价值的问题				5%				
思维状态	是否能发现问题、提出问题、分析问题、解决问题、创新问题				5%				
自评反馈	按时按质完成工作任务				5%				
	较好地掌握了专业知识点				5%				
	具有较强的信息分析能力和理解能力				5%				
	具有较为全面严谨的思维能力并能条理明晰地表述成文				5%				
自评等级									
有益的经验和做法									
总结反思建议									

等级评定：A：好　B：较好　C：一般　D：有待提高

活动过程评价互评表

班级		姓名		学号		日期	年　月　日		
评价指标	评价要素				权重	等级评定			
						A	B	C	D
信息检索	能有效利用网络资源、工作手册查找有效信息				5%				
	能用自己的语言有条理地去解释、表述所学知识				5%				
	能将查找到的信息有效地转换到工作中				5%				

续表

班级		姓名		学号		日期	年 月 日		
评价指标	评价要素				权重	等级评定			
						A	B	C	D
感知工作	是否熟悉工作岗位，认同工作价值				5%				
	在工作中，是否获得满足感				5%				
参与状态	与教师、同学之间是否相互尊重、理解、平等				5%				
	与教师、同学之间是否能够保持多向、丰富、适宜的信息交流				5%				
	能处理好合作学习和独立思考的关系，做到有效学习				5%				
	能提出有意义的问题或能发表个人见解；能按要求正确操作；能够倾听、协作、分享				5%				
	积极参与，在产品加工过程中不断学习，综合运用信息技术的能力提高很大				5%				
学习方法	工作计划、操作技能是否符合规范要求				5%				
	是否获得了进一步发展的能力				5%				
工作过程	是否遵守管理规程，操作过程符合现场管理要求				5%				
	平时上课的出勤情况和每天完成工作任务情况				5%				
	是否善于多角度思考问题，能主动发现、提出有价值的问题				5%				
思维状态	是否能发现问题、提出问题、分析问题、解决问题、创新问题				5%				
互评反馈	能严肃认真地对待互评				10%				
互评等级									
简要评述									

等级评定：A：好 B：较好 C：一般 D：有待提高

活动过程教师评价表

班级			姓名		学号		权重	评价
知识策略	知识吸收	能设法记住要学习的内容					3%	
		使用多样性手段，通过网络、技术手册等收集到较多有效信息					3%	
	知识构建	自觉寻求不同工作任务之间的内在联系					3%	
	知识应用	将学习到的内容应用到解决实际问题中					3%	
工作策略	兴趣取向	对课程本身感兴趣，熟悉自己的工作岗位，认同工作价值					3%	
	成就取向	学习的目的是获得高水平的成绩					3%	
	批判性思考	谈到或听到一个推论或结论时，会考虑到其他可能的答案					3%	
管理策略	自我管理	若不能很好地理解学习内容，会设法找到该任务相关的其他资讯					3%	
管理策略	过程管理	正确回答工作页中和教师提出的问题					3%	
		能根据提供的材料、工作页和教师指导进行有效学习					3%	
		针对工作任务，能反复查找资料、反复研讨，编制有效工作计划					3%	
		在工作过程中，留有研讨记录					3%	
		在团队合作中，主动承担并完成任务					3%	
	时间管理	有效组织学习时间和按时按质完成工作任务					3%	
	结果管理	在学习过程中有满足、成功与喜悦等体验，对后续学习更有信心					3%	
		根据研讨内容，对讨论知识、步骤、方法进行合理的修改和应用					3%	
		课后能积极有效地进行学习的自我反思，总结学习的长短之处					3%	
		规范撰写工作小结，能进行经验交流与工作反馈					3%	
过程状态	交往状态	与教师、同学之间交流语言得体，彬彬有礼					3%	
		与教师、同学之间保持多向、丰富、适宜的信息交流和合作					3%	
	思维状态	能用自己的语言有条理地去解释、表述所学知识					3%	
		善于多角度思考问题，能主动提出有价值的问题					3%	
	情绪状态	能自我调控好学习情绪，能随着教学进程或解决问题的全过程而产生不同的情绪变化					3%	
	生成状态	能总结当堂学习所得，或提出深层次的问题					3%	
	组内合作过程	分工及任务目标明确，并能积极组织或参与小组工作					3%	
		积极参与小组讨论并能充分地表达自己的思想或意见					3%	

续表

<table>
<tr><th>班级</th><th colspan="2"></th><th>姓名</th><th></th><th>学号</th><th></th><th>权重</th><th>评价</th></tr>
<tr><td rowspan="4">过程
状态</td><td rowspan="3">组际总结
过程</td><td colspan="5">能采取多种形式，展示本小组的工作成果，并进行交流反馈</td><td>3%</td><td></td></tr>
<tr><td colspan="5">对其他组学生提出的疑问能做出积极有效的解释</td><td>3%</td><td></td></tr>
<tr><td colspan="5">认真听取其他组的汇报发言，并能大胆质疑或提出不同意见或更深层次的问题</td><td>3%</td><td></td></tr>
<tr><td>工作总结</td><td colspan="5">规范撰写工作总结</td><td>3%</td><td></td></tr>
<tr><td>自评</td><td>综合评价</td><td colspan="5">按照《活动过程评价自评表》，严肃认真地对待自评</td><td>5%</td><td></td></tr>
<tr><td>互评</td><td>综合评价</td><td colspan="5">按照《活动过程评价互评表》，严肃认真地对待互评</td><td>5%</td><td></td></tr>
<tr><td colspan="6">总评等级</td><td colspan="3"></td></tr>
<tr><td>建议</td><td colspan="8">评定人：(签名)　　　　年　月　日</td></tr>
</table>

等级评定：A：好　B：较好　C：一般　D：有待提高

制件评价

一、展示评价

把个人制作好的制件先进行分组展示，再由小组推荐代表作必要的介绍。在展示的过程中，以组为单位进行评价；评价完成后，根据其他组成员对本组展示成果的评价意见进行归纳总结。主要评价项目如下：

1. 展示的产品是否符合技术标准？

   合格□　　不良□　　返修□　　报废□

2. 与其他组相比，本小组的产品工艺是否合理？

   工艺优化□　　工艺合理□　　工艺一般□

3. 本小组介绍成果时，表达是否清晰合理？

   很好□　　一般，需要补充□　　不清晰□

4. 本小组演示产品检测方法时，操作是否正确？

   正确□　　部分正确□　　不正确□

5. 本小组演示操作时，是否遵循了“6S”的工作要求？

   符合工作要求□　　忽略了部分要求□　　完全没有遵循□

6. 本小组的成员，团队创新精神如何？

良好□　　　　一般 □　　　　不足□

7. 总结这次任务，本组是否达到学习目标？你给予本组的评分是多少？对本组的建议是什么？

学生：（签名）________　　　　________年________月________日

二、教师对展示的作品分别作评价

1. 针对展示过程中各组的优点进行点评。
2. 针对展示过程中各组的缺点进行点评，提出改进方法。
3. 总结整个任务完成中出现的亮点和不足。

三、综合评价

指导教师：（签名）________　　　　年________月________日

任务四　压 板 制 作

1. 能安全操作铣床加工零件，并做好铣床的维护和保养。

2. 能正确选用铣削刀具，制订铣削工艺，确定铣削用量。

3. 能掌握零件的装夹方法能使用相关量具完成压板的质量检验并进行质量评价。

4. 能根据铣削现场管理规范要求，清理场地，归置物品，能按环保要求处理废弃物。

5. 能自我评价，自选展示方法归纳总结加工过程和加工体会。

40 学时

某企业接到一批压板制造订单，数量 60 件，工期 7 天，客户提供原材料，零件图如下图所示。企业把该任务交给我们班级，试在规定的时间内完成压板的加工。

零件图

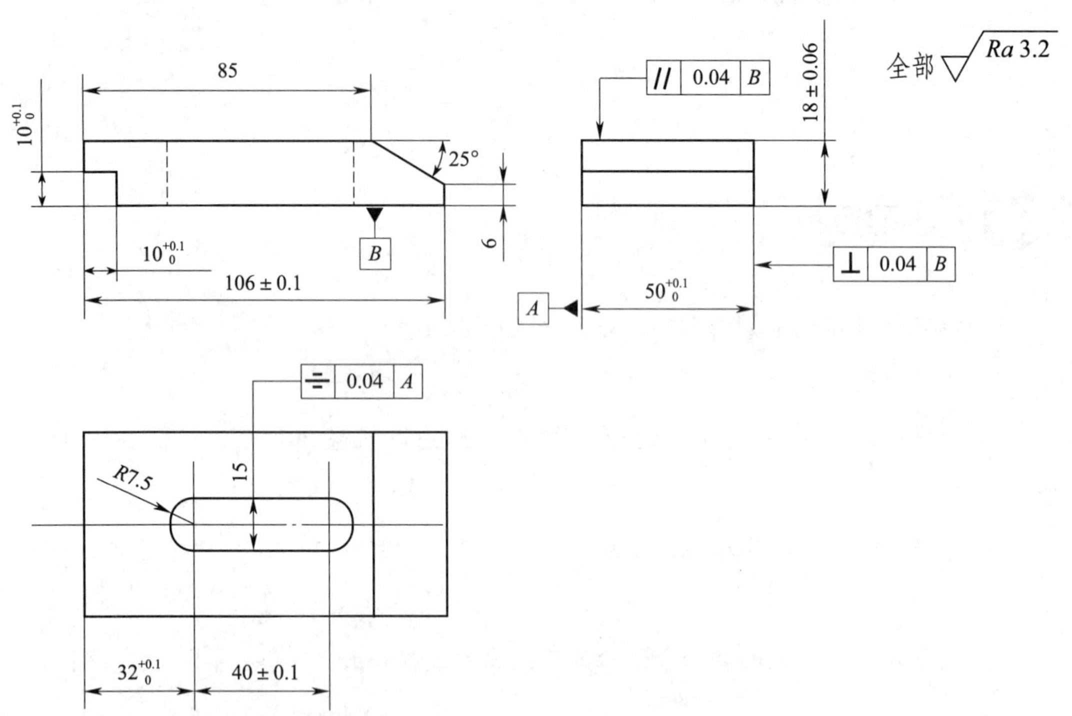

工作流程与活动

接受压板加工任务后，制定工作计划，从资料室领取加工图纸和技术手册等资料，分析零件图样，查阅机械加工工艺手册，确定毛坯材料、形状、尺寸，准备工具、量具、刃具，采用铣削方法完成压板加工，进行压板自检，交检验人员验收合格后，填写工作单。工作过程中遵循现场工作管理规范，工作结束后撰写工作总结，采取多种形式展示工作成果。

◇ 学习活动 1　接受工作任务，制定工作计划（4 学时）

◇ 学习活动 2　普通铣床的操作（12 学时）

◇ 学习活动 3　压板的加工及检验（18 学时）

◇ 学习活动 4　工作总结、成果展示、经验交流（6 学时）

学习活动 1　接受工作任务，制定工作计划

学习目标

- 能根据工作要求，多种途径收集、整理压板任务的相关信息。
- 能分析压板图样中各加工要素的组成和特点。
- 能读懂图样公差代号和加工技术要求。
- 能在规定的时间内完成学习任务。

建议学时：4 学时

学习准备

切削加工相关手册、设备清单表、压板图样、机械制图手册、教材等。

学习过程

1. 观察压板的形状，并查阅相关资料，分析压板的主要用途是什么？将采用什么方法进行加工？

主要用途：

主要加工方法：

2. 分析压板图样，填写下表。

序号	定形尺寸	定位尺寸	绘图基准	图形特点

3. 识读压板零件图。

（1）压板的总体尺寸为（长×高×宽）____________，其尺寸公差长度为______，高度为______，宽度为________。

（2）压板左侧台阶的长度尺寸为______，公差为______，高度尺寸为__________，公差为__________。

（3）压板右端面有一个斜面，其上表面的角度为________。

（4）压板中部有一腰型孔，其长度方向的定位尺寸为______，孔的宽度为______，总长为________。

（5）压板各加工表面的表面粗糙度值为____________。

（6）解释图中 | ⌯ | 0.04 | A | 的含义：

4. 完成零件图样的抄画。

5. 根据本任务的工作流程与活动，制定本组的工作计划。

序号	工作内容	开始时间	完成时间	负责人

6. 根据小组成员特点，完成工作进度计划中的分工。

小组成员名单	成员特点	小组中的分工	备注

评价与分析

活动过程评价表

班级		姓名		学号		日期	年　月　日
序号	评价要点				配分	得分	总评
1	能收集任务相关信息				10		A□（86－100） B□（76－85） C□（60－75） D□（60 以下）
2	能读懂压板图纸				15		
3	能正确抄画图样				10		
4	能分析确定压板的技术要求				15		
5	能分析确定压板加工步骤				15		
6	能严格遵守 6S 管理要求				15		
7	与同学之间能相互合作				10		
8	能严格遵守作息时间				5		
9	及时完成老师布置的任务				5		
小结 建议							

学习活动2 普通铣床的操作

学习目标

- 能掌握铣床的操作方法和基本要领。
- 能掌握铣床的安全操作规程。
- 能进行铣床的维护和保养。

建议学时：12 学时

学习准备

铣床操作手册、说明书、安全操作规程、教材等。

学习过程

1. 认识机床。

通过查阅铣床的相关知识，将下面各机构与部件对应的名称序号填写到图中的相应位置上；并简要介绍普通铣床 X6132 各部分的名称和功能，填写在下表中。

【1－主轴；2－主轴套筒；3－主轴变速机构；4－床身；5－主电机；6－底座；7－立铣头；8－电气箱；9－升降台；10－工作台；11－回转盘；12－进给变速机构；13－横向溜板；14－挂架；15－横梁】

序号	名称	主要功能
1		
2		
3		
4		
5		
6		
7		
8		
9		
10		
11		
12		
13		
14		
15		

2．查阅相关资料，了解 X6132 铣床的进给刻度。

X6132 铣床纵向、横向刻度盘的圆周刻线为______格，每摇一转，工作台移动________mm，垂直方向刻度盘的圆周刻线为______格，每摇一转，工作台移动____mm，所以每摇过一格，工作台移动均为______mm；现欲使工作台纵向移动 32 mm，则纵向手柄应摇过____转____格；若欲使工作台上升 3.2 mm，则升降手柄应摇过____转____格。当进给摇过了刻线时，应________后再摇到相应的刻线。

3．查阅相关资料，了解常用铣刀的名称和主要用途。

序号	实物图片	名称	主要用途
1			
2			
3			
4			

续表

序号	实物图片	名称	主要用途
5			
6			
7			

4. 查阅相关资料，了解逆铣和顺铣的加工特点及其应用范围。针对本任务，宜选用顺铣还是逆铣，为什么？

	运动示意图	加工特点	应用范围
顺铣	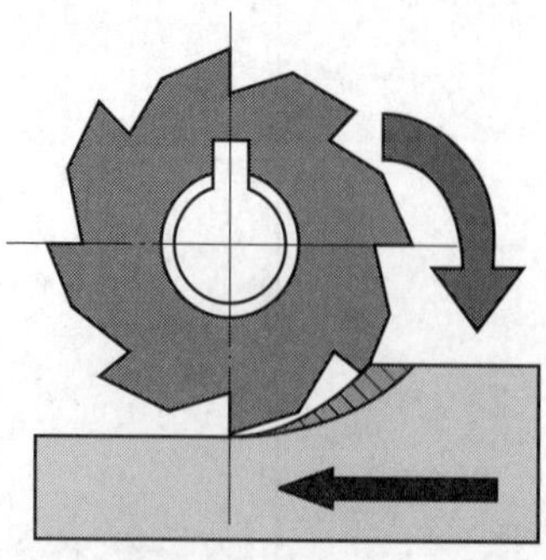		

续表

	运动示意图	加工特点	应用范围
逆铣	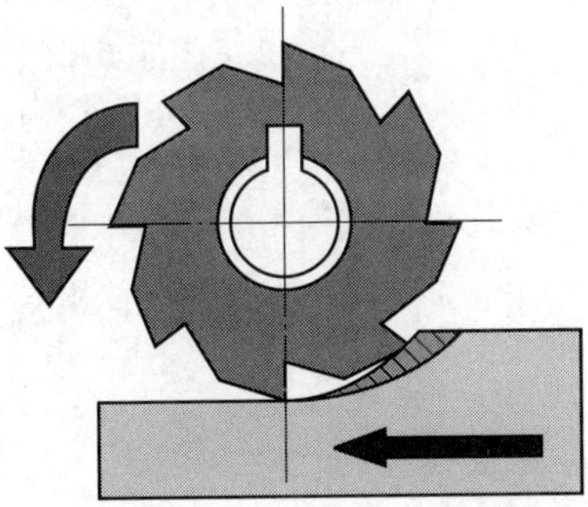		

本任务，宜选用哪种铣削方式？为什么？

5. 查阅相关资料，列出机用平口虎钳的种类及规格。

6．查阅相关资料，了解工件在铣床上的装夹方式。

在铣床上装夹工件时，最常用的两种方法是：用平口钳装夹或用压板螺钉装夹工件。

（1）对于较小型的工件，一般采用______装夹；对大、中型的工件则多是在铣床工作台上用压板螺钉来装夹。

（2）安装平口钳时应先擦拭干净________和______；校正固定钳口的方法有：__________、____________和______________。

7．在铣床上为什么要开车对刀？为什么必须停车变速？

8．查阅相关资料，了解操作铣床时必须注意的相关事项。

（1）铣床旁边的材料和加工工件要________，不能堆迭过多、______（保持工作物件堆放稳定）。

（2）加工时工件必须先清除__________，装夹要____________。

（3）下班后擦拭机床必须__________，__________。扫除铁屑并在机床周围一公尺以外堆放。

9．查阅资料，小组讨论。

认真学习并规范执行铣床安全操作规程，结合实际，谈谈需要注意的问题。

时间		主题	铣床安全操作注意事项
主持人		成员	
讨论过程			
结论			

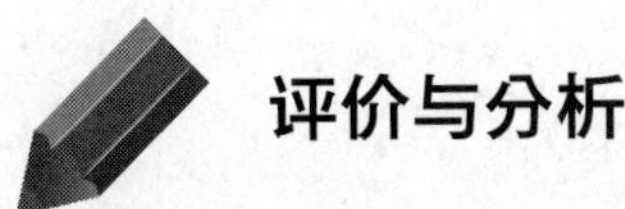

评价与分析

活动过程评价表

班级		姓名		学号		日期	年 月 日
序号	评价要点				配分	得分	总评
1	能正确说出铣床各部分的名称和功能				10		A□（86－100） B□（76－85） C□（60－75） D□（60 以下）
2	能说出铣床设备安全使用规程				15		
3	劳保用品穿戴整齐，着装符合要求				10		
4	能说出常用铣刀的名称和主要用途				15		
5	能说出顺铣和逆铣的区别				15		
6	能严格遵守 6S 管理内容				15		
7	与同学之间能相互合作				10		
8	能严格遵守作息时间				5		
9	及时完成老师布置的任务				5		
小结 建议							

学习活动3　压板的加工及检验

学习目标

- 能正确装夹工件。
- 能根据加工要求，选择压板加工刀具能并正确安装。
- 能够正确选用铣削刀具，选择铣削工艺、铣削用量。
- 能熟练操作铣床完成平面、斜面、台阶、沟槽的铣削加工。
- 能正确使用量具（百分表、千分尺、量角器）进行工件测量。

建议学时：18 学时

学习准备

图样、任务书、教材、工量刃具及必备的铣床附件。

学习过程

1. 在进行压板加工之前，查阅资料，了解毛坯、精坯、基准、粗基准和精基准的概念及相互区别。

毛坯：

精坯：

基准：

粗基准：

精基准：

2. 认真学习下表所示铣削正六面体的工艺步骤，查阅相关资料，了解铣削加工中基准的选择及装夹定位的实现。

序号	图示	工艺说明
1	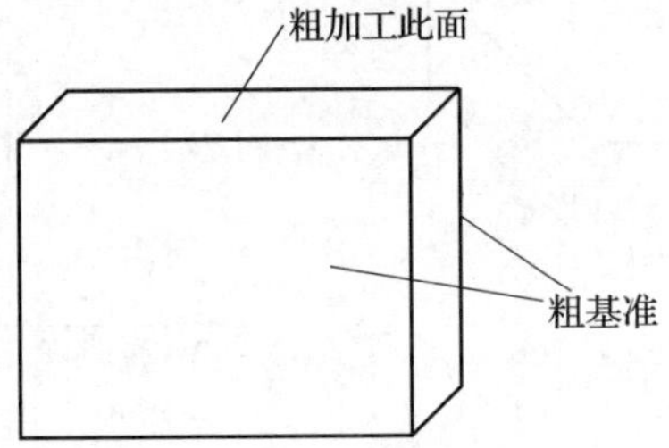 粗加工此面 粗基准	虎钳夹持两大平面，粗加工上侧面
2	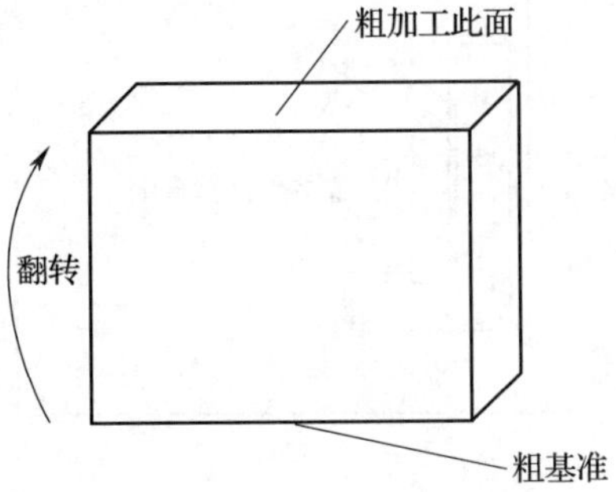 粗加工此面 翻转 粗基准	翻转工件，以上一步加工的顶侧面作为精基准，加工相对应的面
3	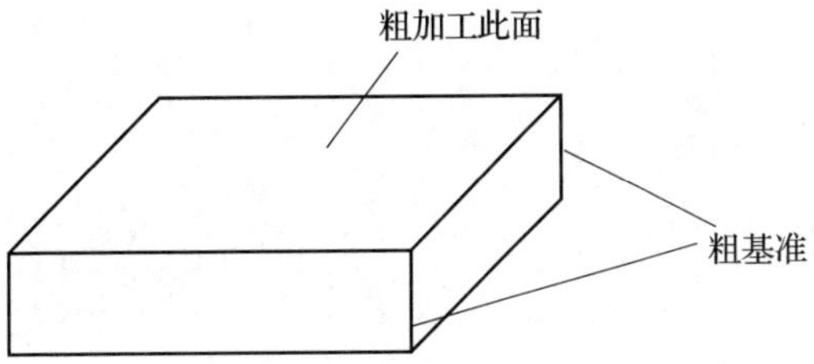 粗加工此面 粗基准	放平工件，以两个已经粗加工后的侧面作为精基准，粗加工大平面
4	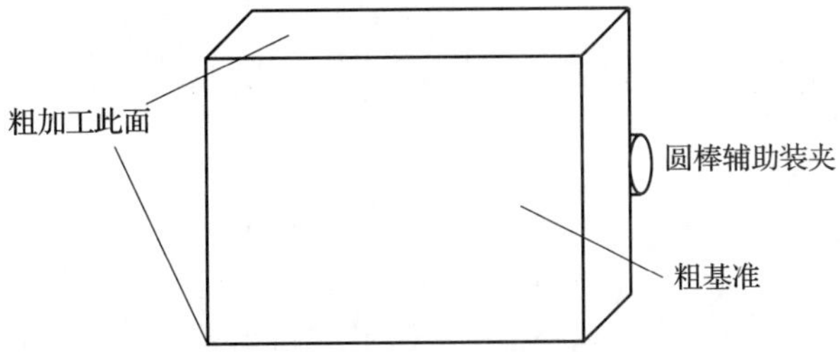 粗加工此面 圆棒辅助装夹 粗基准	以大平面为基准，采用圆棒辅助装夹，精加工两个侧面到尺寸

续表

序号	图示	工艺说明
5	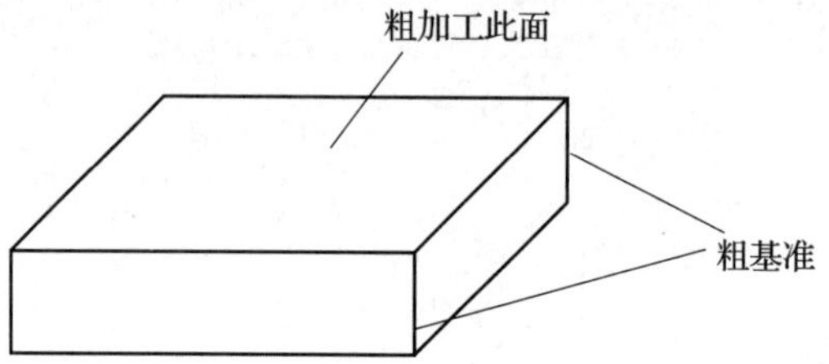 粗加工此面 粗基准	以两个精加工的侧面为基准，精加工另一个大面到尺寸
6	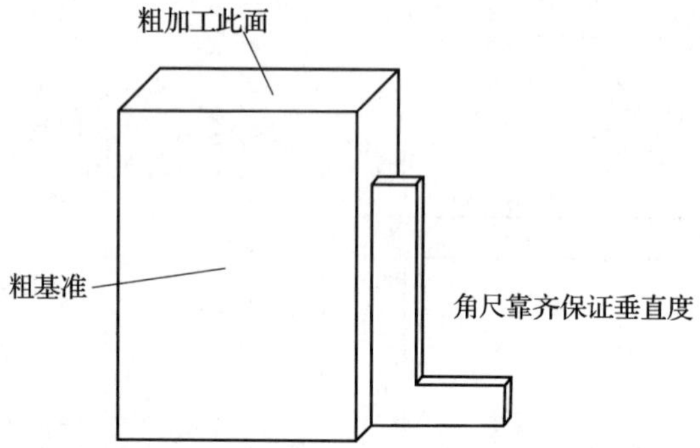 粗加工此面 粗基准 角尺靠齐保证垂直度	以大面为基准，用角尺靠齐侧面，加工另外两个侧面，保证六面体的垂直度

（1）使用铣床将正六方体毛坯加工成精坯的过程中，需要多少次装夹？每次装夹以哪个面为基准面，此基准面为粗基准还是精基准？

（2）步骤 4 中，采用了圆棒辅助装夹，试分析其理由。

3．查阅资料，了解铣削加工方法的应用及主要刀具类型。

	图示	加工方法	主要刀具类型
铣削平面	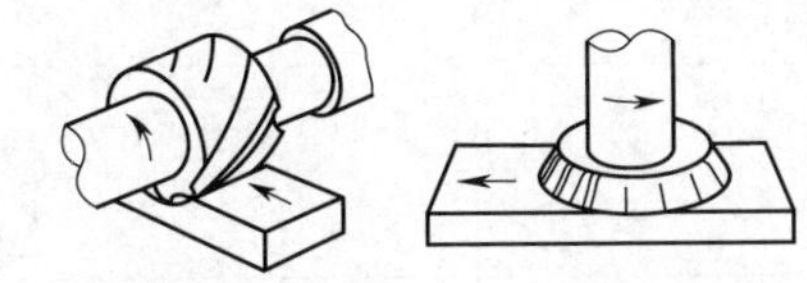		
铣削斜面	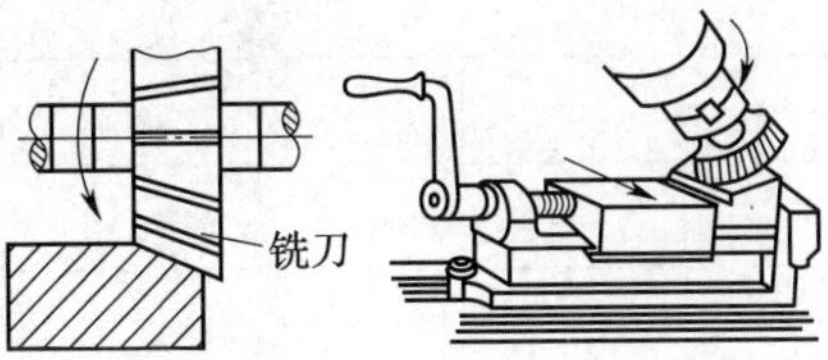 铣刀		
铣削封闭孔	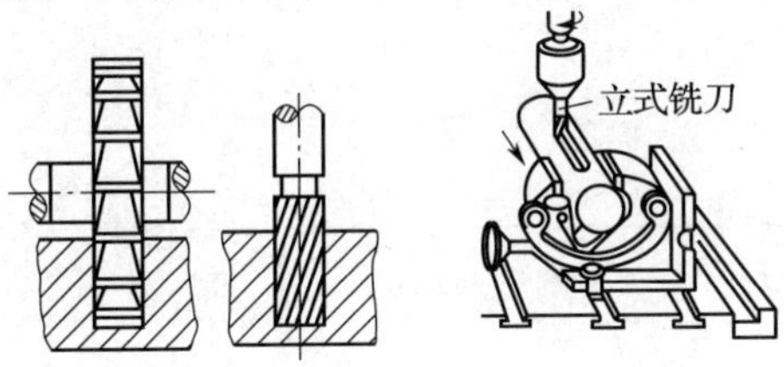 立式铣刀		

4．针对本任务，宜选用顺铣还是逆铣，为什么？

5. 小组讨论，写出压板加工的加工步骤。

序号	加工步骤	加工内容	加工要求	主要工量具

6. 根据加工要求，列出完成加工所需的工、量、刃具。

序号	名称	规格	数量	作用
1				
2				
3				
4				
5				
6				
7				
8				
9				
10				
11				

7. 铣削加工时会产生很高的切削温度，切削过程中，切削温度对零件的加工质量有哪些影响？如何减小不良影响？

8. 零件质量自检，分析误差产生原因和改进措施。

（1）填写零件质量自检表。

序号	检测项目	配分	评分标准	实测尺寸	得分
1	(106 ±0.1) mm	6	每超差 0.02 扣 2 分		
2	(40 ±0.1) mm	8	每超差 0.02 扣 2 分		
3	(18 ±0.06) mm	8	每超差 0.02 扣 2 分		
4	85 mm、6 mm、15 mm	9	一处不合格扣 3 分		
5	R7.5 mm、25°	16	一处不合格扣 4 分		
6	($10^{+0.1}_{0}$) mm（两处）	12	每超差 0.02 扣 2 分		
7	($32^{+0.1}_{0}$) mm	8	每超差 0.02 扣 2 分		
8	($50^{+0.1}_{0}$) mm	4	每超差 0.02 扣 2 分		
9	Ra3.2 μm	15	一处不合格扣 1 分		
10	⌯ 0.04 A // 0.04 B ⊥ 0.04 B	14	每超差 0.02 扣 2 分		
11	安全文明生产		违章酌情扣分（10—50 分）		
12	总分				

（2）分析误差产生原因和改进措施。

评价与分析

活动过程评价表

班级		姓名		学号		日期	年　月　日
序号	评价要点				配分	得分	总评
1	能正确装夹工件				10		A□（86－100） B□（76－85） C□（60－75） D□（60以下）
2	能正确选择刀具并装夹				15		
3	能正确选择加工平面、斜面、封闭槽的铣削用具				10		
4	能正确操作铣床加工出工件				15		
5	能选择合适的量具进行工件检测				15		
6	能严格遵守6S管理内容				15		
7	与同学之间能相互合作				10		
8	能严格遵守作息时间				5		
9	及时完成老师布置的任务				5		
小结建议							

学习活动 4　工作总结、成果展示、经验交流

学习目标

- 能正确规范撰写总结。
- 能采用多种形式进行成果展示。
- 能有效进行工作反馈与经验交流。

建议学时：6 学时

学习准备

成果展示课件、工件。

学习过程

1. 加工压板时使用了哪些技术资料？整理并填写在下表中。

序号	名称	类型	主要内容	备注
1	工序卡	纸质资料	压板加工详细工序内容	
2	图纸	纸质资料	压板零件图	
3	压板成品			
4				
5				
6				

2. 加工压板过程中，遇到了哪些困难或问题？是怎样解决的?

3. 通过对本任务的学习，最大的收获是什么?

4. 加工过程中，在哪些地方存在不足？准备如何改进?

5. 在完成任务的过程中，如何评价自己在小组中的工作表现?

6. 拟定一个小组成果展示的实施方案提纲。

7. 其他小组成果展示记录。

组号	展示人	主要内容	展示效果	备注
1				
2				
3				
4				
5				

评价与分析

活动过程评价自评表

班级		姓名		学号		日期	年 月 日		
评价指标	评价要素				权重	等级评定			
						A	B	C	D
信息检索	能有效利用网络资源、工作手册查找有效信息				5%				
	能用自己的语言有条理地去解释、表述所学知识				5%				
	能将查找到的信息有效转换到工作中				5%				
感知工作	是否熟悉工作岗位，认同工作价值				5%				
	在工作中，是否获得满足感				5%				
参与状态	与教师、同学之间是否相互尊重、理解、平等				5%				
	与教师、同学之间是否能够保持多向、丰富、适宜的信息交流				5%				
	探究学习，自主学习不流于形式，处理好合作学习和独立思考的关系，做到有效学习				5%				
	能提出有意义的问题或能发表个人见解；能按要求正确操作；能够倾听、协作、分享				5%				
	积极参与，在产品加工过程中不断学习，提高综合运用信息技术的能力				5%				
学习方法	工作计划、操作技能是否符合规范要求				5%				
	是否获得了进一步发展的能力				5%				

续表

班级		姓名		学号		日期	年 月 日		
评价指标	评价要素				权重	等级评定			
						A	B	C	D
工作过程	遵守管理规程，操作过程符合现场管理要求				5%				
	平时上课的出勤情况和每天完成工作任务情况				5%				
	善于多角度思考问题，能主动发现、提出有价值的问题				5%				
思维状态	是否能发现问题、提出问题、分析问题、解决问题、创新问题				5%				
自评反馈	按时按质完成工作任务				5%				
	较好地掌握了专业知识点				5%				
	具有较强的信息分析能力和理解能力				5%				
	具有较为全面严谨的思维能力并能条理明晰地表述成文				5%				
自评等级									
有益的经验和做法									
总结反思建议									

等级评定：A：好　　B：较好　　C：一般　　D：有待提高

活动过程评价互评表

班级		姓名		学号		日期	年 月 日		
评价指标	评价要素				权重	等级评定			
						A	B	C	D
信息检索	能有效利用网络资源、工作手册查找有效信息				5%				
	能用自己的语言有条理地去解释、表述所学知识				5%				
	能将查找到的信息有效地转换到工作中				5%				

续表

班级		姓名		学号		日期	年 月 日		
评价指标	评价要素				权重	等级评定			
						A	B	C	D
感知工作	是否熟悉自己的工作岗位，认同工作价值				5%				
	在工作中，是否获得满足感				5%				
参与状态	与教师、同学之间是否相互尊重、理解、平等				5%				
	与教师、同学之间是否能够保持多向、丰富、适宜的信息交流				5%				
	能处理好合作学习和独立思考的关系，做到有效学习				5%				
	能提出有意义的问题或能发表个人见解；能按要求正确操作；能够倾听、协作、分享				5%				
	积极参与，在产品加工过程中不断学习，综合运用信息技术的能力提高很大				5%				
学习方法	工作计划、操作技能是否符合规范要求				5%				
	是否获得了进一步发展的能力				5%				
工作过程	是否遵守管理规程，操作过程符合现场管理要求				5%				
	平时上课的出勤情况和每天完成工作任务情况				5%				
	是否善于多角度思考问题，能主动发现、提出有价值的问题				5%				
思维状态	是否能发现问题、提出问题、分析问题、解决问题、创新问题				5%				
互评反馈	能严肃认真地对待互评				10%				
互评等级									
简要评述									

等级评定：A：好　B：较好　C：一般　D：有待提高

活动过程教师评价表

班级			姓名		学号		权重	评价
知识策略	知识吸收	能设法记住要学习的内容					3%	
		使用多样性手段，通过网络、技术手册等收集到较多有效信息					3%	
	知识构建	自觉寻求不同工作任务之间的内在联系					3%	
	知识应用	将学习到的内容应用到解决实际问题中					3%	
工作策略	兴趣取向	对课程本身感兴趣，熟悉自己的工作岗位，认同工作价值					3%	
	成就取向	学习的目的是获得高水平的成绩					3%	
	批判性思考	谈到或听到一个推论或结论时，会考虑到其他可能的答案					3%	
管理策略	自我管理	若不能很好地理解学习内容，会设法找到该任务相关的其他资讯					3%	
	过程管理	正确回答材料和教师提出的问题					3%	
		能根据提供的材料、工作页和教师指导进行有效学习					3%	
		针对工作任务，能反复查找资料、反复研讨，编制有效工作计划					3%	
		在工作过程中，留有研讨记录					3%	
		团队合作中，主动承担完成任务					3%	
	时间管理	有效组织学习时间和按时按质完成工作任务					3%	
	结果管理	在学习过程中有满足、成功与喜悦等体验，对后续学习更有信心					3%	
		根据研讨内容，对讨论知识、步骤、方法进行合理的修改和应用					3%	
		课后能积极有效地进行学习的自我反思，总结学习的长短之处					3%	
		规范撰写工作小结，能进行经验交流与工作反馈					3%	
过程状态	交往状态	与教师、同学之间交流语言得体，彬彬有礼					3%	
		与教师、同学之间保持多向、丰富、适宜的信息交流和合作					3%	
	思维状态	能用自己的语言有条理地去解释、表述所学知识					3%	
		善于多角度思考问题，能主动提出有价值的问题					3%	
	情绪状态	能自我调控好学习情绪，能随着教学进程或解决问题的全过程而产生不同的情绪变化					3%	
	生成状态	能总结当堂学习所得，或提出深层次的问题					3%	
	组内合作过程	分工及任务目标明确，并能积极组织或参与小组工作					3%	
		积极参与小组讨论并能充分地表达自己的思想或意见					3%	
	组际总结过程	能采取多种形式，展示本小组的工作成果，并进行交流反馈					3%	
		对其他组学生提出的疑问能做出积极有效的解释					3%	
		认真听取其他组的汇报发言，并能大胆质疑或提出不同意见或更深层次的问题					3%	
	工作总结	规范撰写工作总结					3%	

续表

班级			姓名		学号		权重	评价
自评	综合评价	按照《活动过程评价自评表》，严肃认真地对待自评					5%	
互评	综合评价	按照《活动过程评价互评表》，严肃认真地对待互评					5%	
总评等级								
建议				评定人：（签名）			年 月 日	

等级评定：A：好　B：较好　C：一般　D：有待提高

制件评价

一、展示评价

把个人制作好的制件先进行分组展示，再由小组推荐代表作必要的介绍。在展示的过程中，以组为单位进行评价；评价完成后，根据其他组成员对本组展示的成果评价意见进行归纳总结。主要评价项目如下：

1. 展示的产品是否符合技术标准？

合格□　不良□　返修□　报废□

2. 与其他组相比，本小组的产品工艺是否合理？

工艺优化□　工艺合理□　工艺一般□

3. 本小组介绍成果时，表达是否清晰合理？

很好□　一般，需要补充□　不清晰□

4. 本小组演示产品检测方法时，操作是否正确？

正确□　部分正确□　不正确□

5. 本小组演示操作时，是否遵循了“6S”的工作要求？

符合工作要求□　忽略了部分要求□　完全没有遵循□

6. 本小组的成员团队创新精神如何？

良好□　一般□　不足□

7. 总结这次任务，本组是否达到学习目标？你给予本组的评分是多少？对本组的建议是什么？

学生：（签名）________ ________年________月________日

二、教师对展示的作品分别作评价

1. 针对展示过程中各组的优点进行点评。

2. 针对展示过程中各组的缺点进行点评，提出改进方法。

3. 总结整个任务完成中出现的亮点和不足。

三、综合评价

指导教师：（签名）________ ________年________月________日

任务五　平板制作

学习目标

1. 能严格执行平板刮削的安全操作规程和现场管理规定。
2. 能根据平板的技术要求，正确选用工量具。
3. 能叙述平板材质和铸造工艺特点。
4. 能正确使用和保养百分表和塞尺。
5. 能正确配制显示剂。
6. 能正确刃磨平面刮刀。
7. 能采用目测、涂色等检测手段检测平板的精度。
8. 能按照工艺步骤要求完成平板制作任务。
9. 能采用合理的方法保养平板。
10. 根据现场管理规范要求，清理场地，归置物品，能按环保要求处理废弃物。
11. 能进行自我评价，选择适合的展示方法展示工作成果。
12. 能撰写刮削的工作总结。

40 学时

工作情境描述

某工厂由于扩大生产规模，急需一批划线平板，其外形如下图所示，尺寸规格为 400 mm×400 mm。要求在 40 h 内，采用刮削的加方法完成，达到 1 级平板精度等级。

零件图

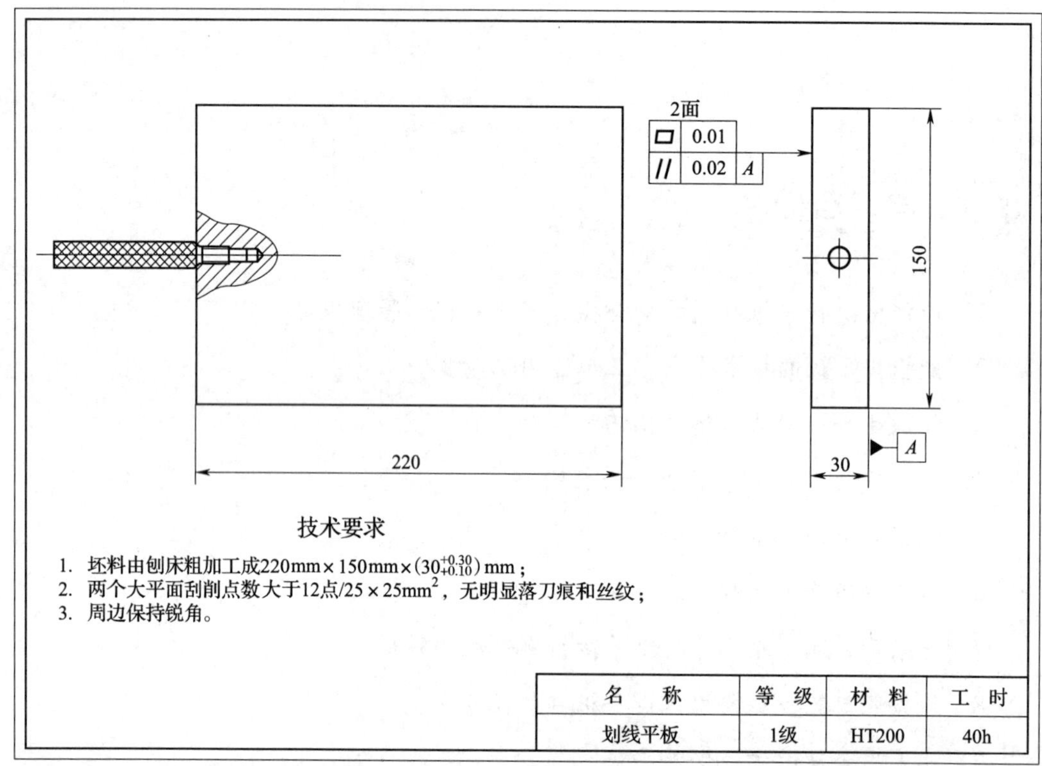

名称	等级	材料	工时
划线平板	1级	HT200	40h

工作流程与活动

在接受工作任务后，通过教师指导或借助机械工人切削手册，分析图样，确定加工工艺步骤；合理选用刀具和量具完成平板的加工。工作过程中遵循平板刮削的安全操作规程和现场管理规定。工作完成后按照现场管理规范清理场地，归置物品，并按照环保规定处置废弃物。撰写工作总结，采用各种形式展示工作成果。

◇ 教学活动1　接受工作任务，制定工作计划（2学时）

◇ 教学活动2　工艺分析，确定加工方法和步聚（2学时）

◇ 教学活动3　刮削、检测平板（34学时）

◇ 教学活动4　工作总结、成果展示、经验交流（2学时）

学习活动 1　接受工作任务，制定工作计划

学习目标

- 能严格执行平板刮削的安全操作规程和现场管理规定。
- 能叙述平板材质和铸造工艺方法。
- 能制定合理的工作进度计划。

建议学时：2 学时

学习准备

钳工手册、刮削安全操作规程、砂轮安全操作规程、场地安全规程制度、相关视频、教材。

学习过程

1. 查阅相关资料，写出平板的类型有哪些？各有什么作用？

2. 平板按国家标准，共分 4 个精度等级，查阅相关资料，详细说明 1 级精度平板的技术要求和用途。

3．平板常用的材料有哪些?

4．铸铁平板毛坯是通过什么工艺方法成型的？有什么特点?

5．分析图样，查阅相关资料，确定平板刮削前，经过了那些加工工艺步骤?

6．查找相关资料，了解刮削的特点。

（1）刮削是使用________从已经加工表面刮去很薄一层金属的操作。每次的刮削量很少，因此要求机械加工后所留下的刮削余量不能太大，一般约在________mm。

（2）刮削是指________________________以提高加工精度的加工方法。刮削加工属于____加工。

（3）刮削能获得很高的______________、______________、______________、和很小的______________。故在机械制造以及工具、量具制造或修理中，仍属一种重要的手工作业。

7. 摘录刮削安全操作规程。

8. 小组讨论，合理安排刮削工作进度计划。

序号	工作内容	工作要求	开始时间	结束时间	备注

9. 根据下组成员特点，完成工作进度计划中的分工。

小组成员名单	成员特点	小组中的分工	备注

评价与分析

活动过程评价表

<table>
<tr><td>班级</td><td></td><td>姓名</td><td></td><td>学号</td><td></td><td>日期</td><td>年 月 日</td></tr>
<tr><td>序号</td><td colspan="5">评价要点</td><td>配分</td><td>得分</td><td>总评</td></tr>
<tr><td>1</td><td colspan="5">能制定合理的工作进度计划</td><td>30</td><td></td><td rowspan="6">A□（86－100）
B□（76－85）
C□（60－75）
D□（60 以下）</td></tr>
<tr><td>2</td><td colspan="5">能说出平板的类型及主要作用</td><td>10</td><td></td></tr>
<tr><td>3</td><td colspan="5">能叙述平板材质和铸造工艺方法</td><td>20</td><td></td></tr>
<tr><td>4</td><td colspan="5">能写出平板刮削的加工工艺步骤</td><td>10</td><td></td></tr>
<tr><td>5</td><td colspan="5">能说出刮削的加工特点</td><td>10</td><td></td></tr>
<tr><td>6</td><td colspan="5">能严格执行平板刮削的安全操作规程和现场管理规定</td><td>20</td><td></td></tr>
<tr><td>小结
建议</td><td colspan="8"></td></tr>
</table>

学习活动 2　工艺分析，确定加工方法和步骤

学习目标

- 能制定平板制作的加工步骤。

建议学时：2 学时

教习学准备

钳工手册、相关视频、教材。

学习过程

1. 通过观看视频，写出平面刮削的基本方法及其操作要点。

2. 查阅资料，写出刮削步骤的研点要求和操作要点。

项目	研点要求	操作要点	备注
粗刮			
细刮			
精刮			
刮花			

3. 刮削标准原始平板一般可分为正研和对角研两个步骤进行，查阅相关资料，了解正研和对角研的方法步骤。

（1）写出正研的方法和步骤。

（2）写出对角研的方法和步骤。

4. 按照3块平板循环进行刮削的方式，每3人一组，详细制定平板刮削的加工工艺步骤。

<table>
<tr><th>组别</th><th></th><th>组长</th><th></th><th>组员</th><th></th></tr>
<tr><td rowspan="3">小组讨论</td><td>产品分析</td><td colspan="4"></td></tr>
<tr><td>制定加工工艺步骤</td><td colspan="4"></td></tr>
<tr><td>工量具准备</td><td colspan="4"></td></tr>
<tr><td>备注</td><td colspan="5"></td></tr>
</table>

评价与分析

活动过程评价表

班级		姓名		学号		日期	年 月 日
序号	评价要点				配分	得分	总评
1	能写出刮削的基本方法				20		A□（86－100） B□（76－85） C□（60－75） D□（60 以下）
2	能说出粗刮、细刮、精刮的工作要点				30		
3	能写出刮花的作用				10		
4	能写出原始平板的刮削原理及刮削步骤				20		
5	能严格执行平板刮削的安全操作规程和现场管理规定				20		
小结建议							

学习活动3　刮削、检测平板

学习目标

- 能正确选择刮刀。
- 能正确刃磨平面刮刀。
- 能采用合理的工艺方法刮削平板，并达到1级精度。
- 能正确使用和保养百分表和塞尺。
- 能根据平板的检验标准检测平板刮削质量。

建议学时：34学时

学习准备

钳工手册、刮削安全操作规程、砂轮安全操作规程、场地安全规程制度、相关视频、教材。

学习过程

1．刮刀的种类有哪些？

2. 平面刮削应准备哪些工具、量具和检具?

3. 查阅资料，画出平面刮刀工作部分的形状并标注刮刀的角度。

4. 刮刀的修磨应注意哪些问题?

5. 平面刮削常用的显示剂有哪些?

6. 写出红丹粉的调配方法和步骤。

7．刮削标准用具也称研具，如下图所示，主要用于检验刮削质量、鉴定表面的接触精度。查阅相关资料，写出刮削标准用具的用途。

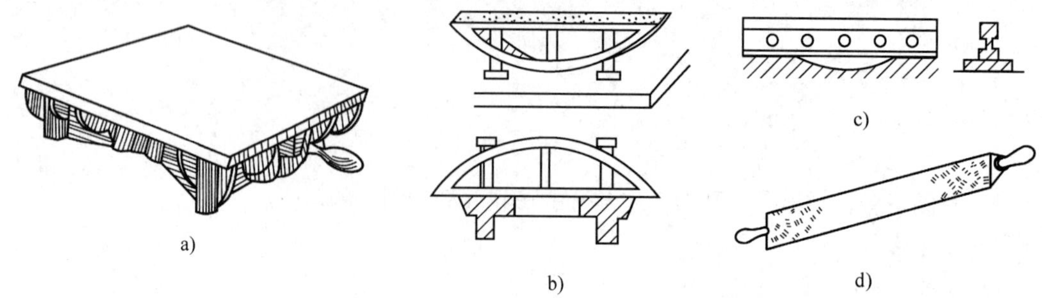

a）标准平板　b）、c）标准直尺　d）标准角度直尺

（1）标准平板：

（2）标准直尺：

（3）标准角度直尺：

（4）检验轴：

8．刮削前，工件表面必须经过精铣或精刨等精加工。由于刮削的切削量小，因此刮削前的余量一般在0.05～0.4 mm之间，具体根据刮削面积而定，根据下表，选择本工作任务中平板的刮削余量为______________。

平面的刮削余量/mm					
平面宽度/mm	平面长度/mm				
	100～500	500～1 000	1 000～2 000	2 000～4 000	4 000～6 000
<100	0.10	0.15	0.20	0.25	0.30
100～500	0.15	0.20	0.25	0.30	0.40

9．写出百分表的读数方法和刻线原理。

10. 百分表应如何保养?

11. 塞尺的用途是什么? 应如何保养?

12. 刮削质量检验。

（1）写出图样技术要求 2 中所要求的精度检验方法。

（2）叙述使用塞尺检测平面度 |⏥|0.01| 的方法和操作步骤。

（3）叙述使用百分表检测 // 0.02 A 的方法和操作步骤。

13．填写刮削平板自检记录。

序号	检测部位	形状精度	位置精度	尺寸精度	表面粗糙度
1					
2					
3					
4					
5					
6					
7					
8					

14. 如何保养铸铁平板?

评价与分析

活动过程评价表

班级		姓名		学号		日期	年 月 日
序号	评价要点				配分	得分	总评
1	能合理做好刮削前的准备工作				10		A□ (86-100) B□ (76-85) C□ (60-75) D□ (60以下)
2	能正确刃磨粗刮刀、细刮刀、精刮刀、刮花刀				20		
3	能正确调制出显示剂				10		
4	能正确使用百分表检测平面度				10		
5	刮削姿势正确				10		
6	刮削出的平板精度符合要求				30		
7	能严格执行平板刮削的安全操作规程和现场管理规定				10		
小结 建议							

学习活动4　工作总结、成果展示、经验交流

学习目标

- 能正确规范撰写总结。
- 能采用多种形式进行成果展示。
- 能有效进行工作反馈与经验交流。

建议学时：2 学时

学习准备

课件准备、书面总结、制件、白板、纸张。

学习过程

1. 分析刮削过程中的缺陷产生原因。

缺陷形式	特征	产生原因
振痕		
划痕		
丝纹		
深凹痕		
落刀或起刀痕		
接触点达不到要求		

2. 刮削后的工件表面，按接触斑点、平面度和直线度等形状公差值来检验，检验时用边长 25 mm 的方框罩在与校准工具配研过的被检查表面上，检测框内接触斑点数目。写出以下平面的应用范围。

平面种类	接触斑点数	应用范围
普通平面	2～5	
	5～8	
	8～12	
	12～16	
精密平面	16～20	
	20～25	
超精密平面	>25	

3. 写出工作总结和评价。

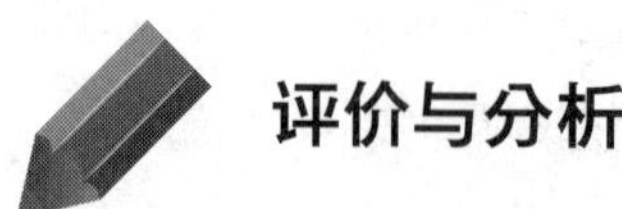

评价与分析

活动过程评价自评表

班级		姓名		学号		日期	年　月　日		
评价指标	评价要素				权重	等级评定			
						A	B	C	D
信息检索	能有效利用网络资源、工作手册查找有效信息				5%				
	能用自己的语言有条理地去解释、表述所学知识				5%				
	能将查找到的信息有效转换到工作中				5%				
感知工作	是否熟悉工作岗位，认同工作价值				5%				
	在工作中，是否获得满足感				5%				
参与状态	与教师、同学之间是否相互尊重、理解、平等				5%				
	与教师、同学之间是否能够保持多向、丰富、适宜的信息交流				5%				
	探究学习，自主学习不流于形式，处理好合作学习和独立思考的关系，做到有效学习				5%				
	能提出有意义的问题或能发表个人见解；能按要求正确操作；能够倾听、协作、分享				5%				
	积极参与，在产品加工过程中不断学习，提高综合运用信息技术的能力				5%				
学习方法	工作计划、操作技能是否符合规范要求				5%				
	是否获得了进一步发展的能力				5%				
工作过程	遵守管理规程，操作过程符合现场管理要求				5%				
	平时上课的出勤情况和每天完成工作任务情况				5%				
	善于多角度思考问题，能主动发现、提出有价值的问题				5%				
思维状态	是否能发现问题、提出问题、分析问题、解决问题、创新问题				5%				

续表

班级		姓名		学号		日期	年 月 日		
评价指标	评价要素				权重	等级评定			
						A	B	C	D
自评反馈	按时按质完成工作任务				5%				
	较好地掌握了专业知识点				5%				
	具有较强的信息分析能力和理解能力				5%				
	具有较为全面严谨的思维能力并能条理明晰地表述成文				5%				
自评等级									
有益的经验和做法									
总结反思建议									

等级评定：A：好　B：较好　C：一般　D：有待提高

活动过程评价互评表

班级		姓名		学号		日期	年 月 日		
评价指标	评价要素				权重	等级评定			
						A	B	C	D
信息检索	能有效利用网络资源、工作手册查找有效信息				5%				
	能用自己的语言有条理地去解释、表述所学知识				5%				
	能将查找到的信息有效地转换到工作中				5%				
感知工作	是否熟悉自己的工作岗位，认同工作价值				5%				
	在工作中，是否获得满足感				5%				

续表

班级		姓名		学号		日期	年 月 日		
评价指标	评价要素				权重	等级评定			
						A	B	C	D
参与状态	与教师、同学之间是否相互尊重、理解、平等				5%				
	与教师、同学之间是否能够保持多向、丰富、适宜的信息交流				5%				
	能处理好合作学习和独立思考的关系，做到有效学习				5%				
	能提出有意义的问题或能发表个人见解；能按要求正确操作；能够倾听、协作、分享				5%				
	积极参与，在产品加工过程中不断学习，综合运用信息技术的能力提高很大				5%				
学习方法	工作计划、操作技能是否符合规范要求				5%				
	是否获得了进一步发展的能力				5%				
工作过程	是否遵守管理规程，操作过程符合现场管理要求				5%				
	平时上课的出勤情况和每天完成工作任务情况				5%				
	是否善于多角度思考问题，能主动发现、提出有价值的问题				5%				
思维状态	是否能发现问题、提出问题、分析问题、解决问题、创新问题				5%				
互评反馈	能严肃认真地对待互评				10%				
互评等级									
简要评述									

等级评定：A：好　B：较好　C：一般　D：有待提高

活动过程教师评价表

<table>
<tr><th>班级</th><th colspan="2"></th><th>姓名</th><th></th><th>学号</th><th></th><th>权重</th><th>评价</th></tr>
<tr><td rowspan="4">知识策略</td><td rowspan="2">知识吸收</td><td colspan="5">能设法记住要学习的内容</td><td>3%</td><td></td></tr>
<tr><td colspan="5">使用多样性手段，通过网络、技术手册等收集到较多有效信息</td><td>3%</td><td></td></tr>
<tr><td>知识构建</td><td colspan="5">自觉寻求不同工作任务之间的内在联系</td><td>3%</td><td></td></tr>
<tr><td>知识应用</td><td colspan="5">将学习到的内容应用到解决实际问题中</td><td>3%</td><td></td></tr>
<tr><td rowspan="3">工作策略</td><td>兴趣取向</td><td colspan="5">对课程本身感兴趣，熟悉自己的工作岗位，认同工作价值</td><td>3%</td><td></td></tr>
<tr><td>成就取向</td><td colspan="5">学习的目的是获得高水平的成绩</td><td>3%</td><td></td></tr>
<tr><td>批判性思考</td><td colspan="5">谈到或听到一个推论或结论时，会考虑到其他可能的答案</td><td>3%</td><td></td></tr>
<tr><td rowspan="6">管理策略</td><td>自我管理</td><td colspan="5">若不能很好地理解学习内容，会设法找到该任务相关的其他资讯</td><td>3%</td><td></td></tr>
<tr><td rowspan="5">过程管理</td><td colspan="5">正确回答材料和教师提出的问题</td><td>3%</td><td></td></tr>
<tr><td colspan="5">能根据提供的材料、工作页和教师指导进行有效学习</td><td>3%</td><td></td></tr>
<tr><td colspan="5">针对工作任务，能反复查找资料、反复研讨，编制有效工作计划</td><td>3%</td><td></td></tr>
<tr><td colspan="5">在工作过程中，留有研讨记录</td><td>3%</td><td></td></tr>
<tr><td colspan="5">团队合作中，主动承担完成任务</td><td>3%</td><td></td></tr>
<tr><td rowspan="5">管理策略</td><td>时间管理</td><td colspan="5">有效组织学习时间和按时按质完成工作任务</td><td>3%</td><td></td></tr>
<tr><td rowspan="4">结果管理</td><td colspan="5">在学习过程中有满足、成功与喜悦等体验，对后续学习更有信心</td><td>3%</td><td></td></tr>
<tr><td colspan="5">根据研讨内容，对讨论知识、步骤、方法进行合理的修改和应用</td><td>3%</td><td></td></tr>
<tr><td colspan="5">课后能积极有效地进行学习的自我反思，总结学习的长短之处</td><td>3%</td><td></td></tr>
<tr><td colspan="5">规范撰写工作小结，能进行经验交流与工作反馈</td><td>3%</td><td></td></tr>
</table>

续表

班级		姓名	学号	权重	评价
过程状态	交往状态	与教师、同学之间交流语言得体，彬彬有礼		3%	
		与教师、同学之间保持多向、丰富、适宜的信息交流和合作		3%	
	思维状态	能用自己的语言有条理地去解释、表述所学知识		3%	
		善于多角度思考问题，能主动提出有价值的问题		3%	
	情绪状态	能自我调控好学习情绪，能随着教学进程或解决问题的全过程而产生不同的情绪变化		3%	
	生成状态	能总结当堂学习所得，或提出深层次的问题		3%	
	组内合作过程	分工及任务目标明确，并能积极组织或参与小组工作		3%	
		积极参与小组讨论并能充分地表达自己的思想、或意见		3%	
	组际总结过程	能采取多种形式，展示本小组的工作成果，并进行交流反馈		3%	
		对其他组学生提出的疑问能做出积极有效的解释		3%	
		认真听取其他组的汇报发言，并能大胆质疑或提出不同意见或更深层次的问题		3%	
	工作总结	规范撰写工作总结		3%	
自评	综合评价	按照《活动过程评价自评表》，严肃认真地对待自评		5%	
互评	综合评价	按照《活动过程评价互评表》，严肃认真地对待互评		5%	
总评等级					
建议		评定人：（签名）		年　月　日	

等级评定：A：好　B：较好　C：一般　D：有待提高

一、展示评价

把个人制作好的制件先进行分组展示，再由小组推荐代表作必要的介绍。在展示的过程中，以组为单位进行评价；评价完成后，根据其他组成员对本组展示的成果评价意见进行归纳总结。主要评价项目如下：

1. 展示的产品是否符合技术标准？

合格□　不良□　返修□　报废□

2. 与其他组相比，本小组的产品工艺是否合理?

工艺优化□　　　　工艺合理□　　　　工艺一般□

3. 本小组介绍成果时，表达是否清晰合理?

很好□　　　　一般，需要补充□　　　　不清晰□

4. 本小组演示产品检测方法时，操作是否正确?

正确□　　　　部分正确□　　　　不正确□

5. 本小组演示操作时，是否遵循了“6S”的工作要求?

符合工作要求□　　　　忽略了部分要求□　　　　完全没有遵循□

6. 本小组的成员团队创新精神如何?

良好□　　　　一般□　　　　不足□

7. 总结这次任务，本组是否达到学习目标? 你给予本组的评分是多少? 对本组的建议是什么?

学生:(签名)________　　　　________年________月________日

二、教师对展示的作品分别作评价

1. 针对展示过程中各组的优点进行点评。

2. 针对展示过程中各组的缺点进行点评，提出改进方法。

3. 总结整个任务完成中出现的亮点和不足。

三、综合评价

指导教师：（签名）________　　　　　　　　________年________月________日

任务六　V 型铁制作

学习目标

1. 能应用 AutoCAD 软件抄画 V 型铁图样。
2. 能说出图样中对称度等位置公差的含义。
3. 能熟练选择合适的铣削加工切削用量。
4. 能利用万能角度尺检测工件。
5. 能利用百分表测量对称度等位置公差。
6. 能利用锉刀刃磨手刮刀。
7. 能利用手刮法刮削 V 型铁。
8. 能撰写工作总结，采用多种形式进行成果展示。

建议学时

40 学时

工作情境描述

某单位需要生产一批 V 型铁，零件图如下图所示。由于 V 型铁加工质量要求较高，所以在铣削加工后，还要通过钳工方法来进一步提高加工质量。现把工作任务安排给你，试完成 V 型铁的制作。

零件图

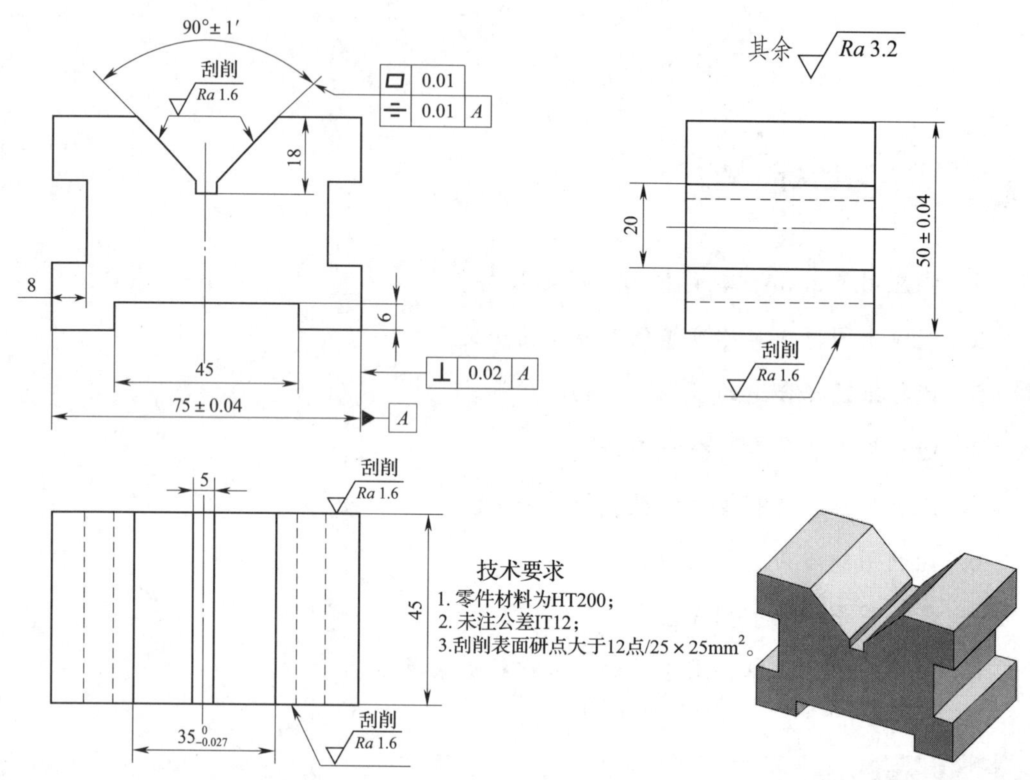

工作流程与活动

在接受工作任务后，首先应识读 V 型铁加工图样，了解相关技术要求，并利用 AutoCAD 软件对图样进行抄画；然后按 V 型铁加工工艺步骤，合理选用工量具，利用划线工具划出尺寸加工界线，最后采用铣削、手工刮削方法完成 V 型铁的制作；并能按照现场管理规范清理场地、归置物品，按照环保规定处置废弃物。

◇ 学习活动 1　接受工作任务，制定工作计划（2 学时）

◇ 学习活动 2　抄画图样（4 学时）

◇ 学习活动 3　工艺分析，完成操作准备工作（2 学时）

◇ 学习活动 4　铣削 V 型铁（12 学时）

◇ 学习活动 5　刃磨刮刀（6 学时）

◇ 学习活动6　刮削V型铁（12学时）

◇ 学习活动7　工作总结、成果展示、经验交流（2学时）

加工工艺步骤

V型铁加工工艺卡				
工序	工步	操作内容	精度要求	主要工量具
（1）铣削	1）外形加工	工件装夹 刀具装夹 铣削六方体	长：（70±0.04）mm 宽：45 mm 高：（50±0.04）mm 四周垂直度：0.02 mm 粗糙度：*Ra*3.2 μm	游标卡尺 千分尺 刀口角尺 锉刀 盘铣刀
	2）铣削底面槽	工件定位装夹 刀具装夹 铣削底槽	槽深：6 mm 槽宽：45 mm 粗糙度：*Ra*3.2 μm	游标卡尺 立铣刀 锉刀
	3）铣削一侧面	工件定位装夹 刀具装夹 铣削一侧槽	槽深：8 mm 槽宽：20 mm 粗糙度：*Ra*3.2 μm	游标卡尺 立铣刀 锉刀
	4）铣削另一侧面	工件定位装夹 刀具装夹 铣削另一侧槽	槽深：8 mm 槽宽：20 mm 粗糙度：*Ra*3.2 μm	游标卡尺 立铣刀 锉刀

续表

V 型铁加工工艺卡				
工序	工步	操作内容	精度要求	主要工量具
（1）铣削	5）铣削 V 形槽	工件定位装夹 刀具装夹 铣削另一侧槽	角度：90° ±2′ 槽宽：（34.6 ±0.06）mm 粗糙度：*Ra*3.2 μm	游标卡尺 万能量角器 百分表 表座 立铣刀 锉刀
	6）铣削工艺槽	工件定位装夹 刀具装夹 铣削工艺槽	槽深：18 mm 槽宽：5 mm 粗糙度：*Ra*3.2 μm	游标卡尺 立铣刀 锉刀
（2）刮削	1）刮削底面	刮刀刃磨 底面刮削	平面度：0.01 mm 粗糙度：*Ra*1.6 μm	百分表 表座
	2）刮削两侧面	刮刀刃磨 两侧面刮削	平面度：0.01 mm 粗糙度：*Ra*1.6 μm	百分表 表座 平板 检验板
	3）刮削 V 形面	刮刀刃磨 V 形面刮削	平面度：0.01 mm 粗糙度：*Ra*1.6 μm	百分表 表座 平板 检验板

学习活动 1　接受工作任务，制定工作计划

学习目标

- 能根据任务要求明确工作内容。
- 能制定合理的工作计划。
- 能采集有效信息。

建议学时：2 学时

学习准备

切削手册、设备清单表、劳保用品、教材。

学习过程

1．通过识读 V 型铁加工工艺步骤，说出本任务所涉及的工作内容。

2．查阅资料，说出 V 型铁在生产中的应用。

3. 小组讨论，合理安排 V 型铁制作工作计划。

序号	工作内容	工作要求	开始时间	结束时间	备注

4. 根据下组成员特点，完成工作计划中的分工。

小组成员名单	成员特点	小组中的分工	备注

评价与分析

活动过程评价表

班级		姓名		学号		日期	年 月 日
序号	评价要点				配分	得分	总评
1	能明确工作内容				10		A□（86－100） B□（76－85） C□（60－75） D□（60 以下）
2	能利用工作手册查找相关信息				20		
3	合理制定工作进度计划表				40		
4	与同学之间能相互合作				10		
5	能严格遵守作息时间				10		
6	及时完成老师布置的任务				10		
小结建议							

学习活动 2　抄 画 图 样

学习目标

- 能分析 V 型铁图样中的图形要素。
- 能理解 V 型铁图样中位置公差符号的含义。
- 能运用 AutoCAD 绘图软件完成图样抄画。

建议学时：4 学时

学习准备

相关图样、制图手册、鞋套、教材。

学习过程

1. 分析图样，完成下表的填写。

序号	定形尺寸	定位尺寸	绘图基准	图形特点

2. 解释下列位置公差代号的含义。

（1）

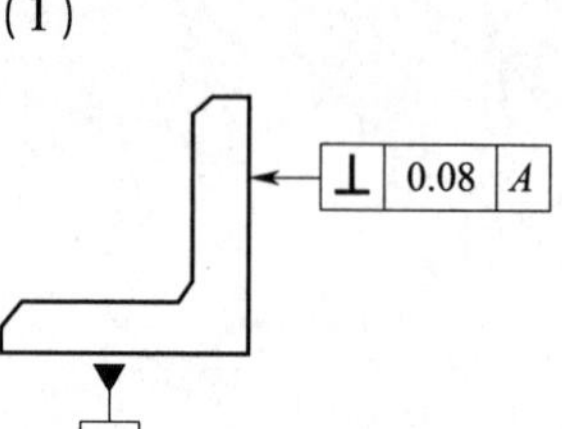

（2）

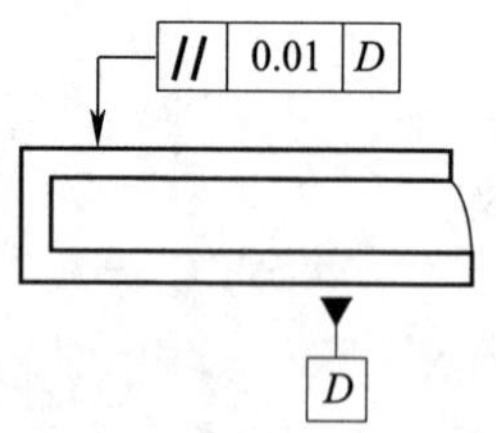

（3）

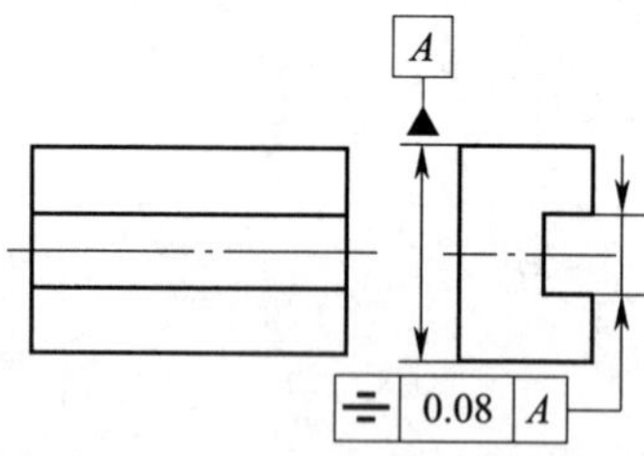

（4）

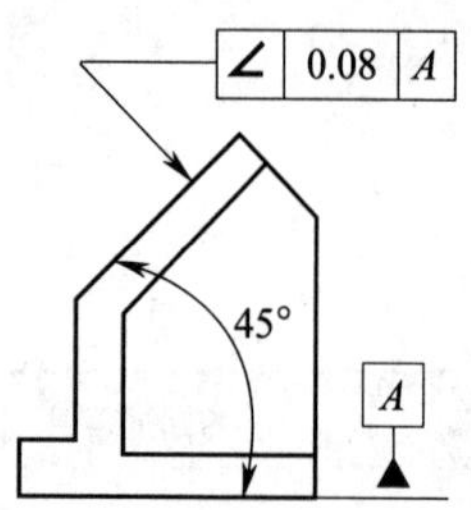

3. 查阅相关资料，说出 AutoCAD 的全称及表示的含义。

4. 如何在 AutoCAD 软件中填加点划线、虚线、细实线三种线型？

5．运用 AutoCAD 软件绘制 V 型铁图样，大致步骤是怎么样的？

序号	绘制内容	主要绘图命令	主要编辑命令

6．用 AutoCAD 软件绘制零件图，将图形输出后，贴在下方。

评价与分析

活动过程评价表

班级		姓名		学号		日期	年 月 日
序号	评价要点				配分	得分	总评
1	能正确分析图样				10		A□（86－100） B□（76－85） C□（60－75） D□（60 以下）
2	能解释位置公差代号的含义				20		
3	能运用 AutoCAD 绘图软件完成图样抄画				40		
4	与同学之间能相互合作				10		
5	能严格遵守作息时间				10		
6	及时完成老师布置的任务				10		
小结 建议							

学习活动 3　工艺分析，完成操作准备工作

学习目标

- 能区分工序和工步。
- 能根据加工工艺步骤选择工量刃具。
- 能识别常用材料牌号。

建议学时：2 学时

教学准备

相关图样、工艺卡、教材。

引导问题

1. 读懂 V 型铁加工工艺卡，结合实际，说出工序和工步的区别。

2. 写出 V 型铁材料的牌号，并加以解释。

3．根据加工工艺卡，说明每道工序加工余量的合理性范围。

4．根据加工工艺，确定工量刃具清单。

序号	名称	规格	用途	备注
1				
2				
3				
4				
5				
6				
7				
8				

5．查阅资料，小组讨论。

生产中，会使用到很多金属材料，每种材料都有不同的用途，这和材料的性能有关。查阅相关资料，了解常用材料的力学和工艺性能（将不少于三种材料的力学和工艺性能填写在下表中）。

时间		主题	材料的力学和工艺性能
主持人		成员	
讨论过程			
结论	材料牌号	力学性能	工艺性能

评价与分析

活动过程评价表

班级		姓名		学号		日期	年　月　日
序号	评价要点				配分	得分	总评
1	能区分工序和工步				10		A□（86－100） B□（76－85） C□（60－75） D□（60 以下）
2	能解释 V 型铁材料的牌号				20		
3	能根据加工工艺卡说明每道工序加工余量的合理性范围				20		
4	能根据加工工艺确定工量刃具清单				20		
5	与同学之间能相互合作				10		
6	能严格遵守作息时间				10		
7	及时完成老师布置的任务				10		
小结 建议							

学习活动4　铣削V型铁

学习目标

- 能正确定位和夹紧工件。
- 能根据加工要求，合理选择铣刀。
- 能正确安装铣刀。
- 能熟练选择合适的铣削加工切削用量。
- 能正确使用百分表、万能角度尺进行工件测量。

建议学时：12学时

学习准备

相关图样、教材、工量刃具、铣床、铣刀、劳保用品。

学习过程

1. 铣床是机械加工中常用的金属切削机床，查阅资料，说出下面三种铣床的特点及加工应用范围。

a)　　b)

c)

a 图：

b 图：

c 图：

2．列出铣削 V 形铁所需的刀具及其他工具。

3．铣刀安装后应作哪些检查?

4．在装卸铣刀时应注意哪些事项?

5. 结合实际加工，说出下图采用了哪种方法来装夹工件？在铣床上装夹工件时还有哪些方法，各自有什么特点？

6. 工件的装夹包含定位和夹紧两个过程，查阅资料，完成下表的填写。

序号	定位	夹紧
定义		
共同点		
不同点		

7. 根据实际加工情况，写出你所选用的切削用量及理由。

8．分析下列各图并填空。

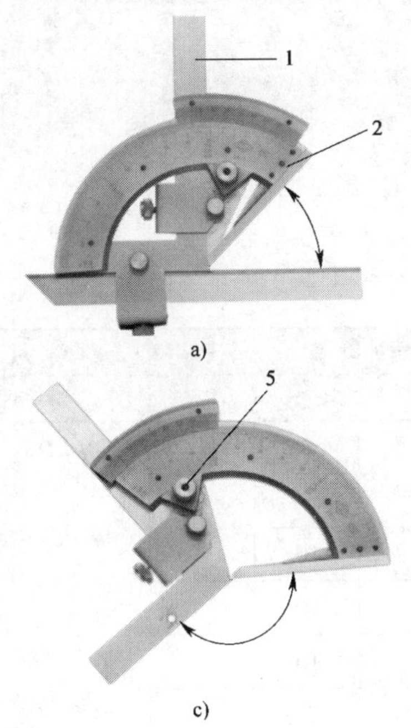

a)

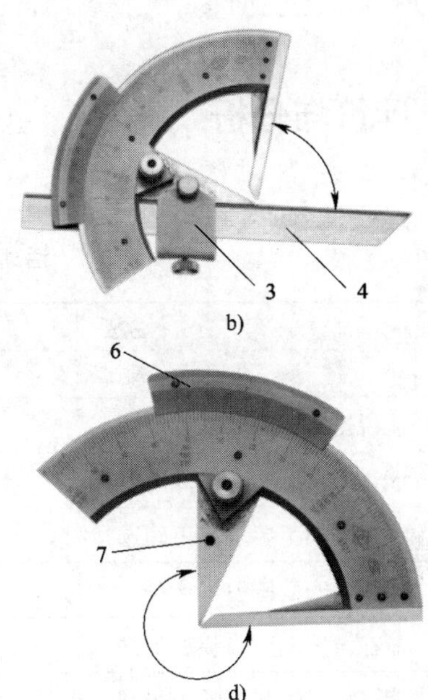

b)

c)

d)

a 图中，1 为________，2 为________，测量范围为____________。

b 图中，3 为________，4 为________，测量范围为____________。

c 图中，5 为________，测量范围为____________。

d 图中，6 为________，7 为________，测量范围为____________。

9．分别读出下列万能角度尺所示的数值。

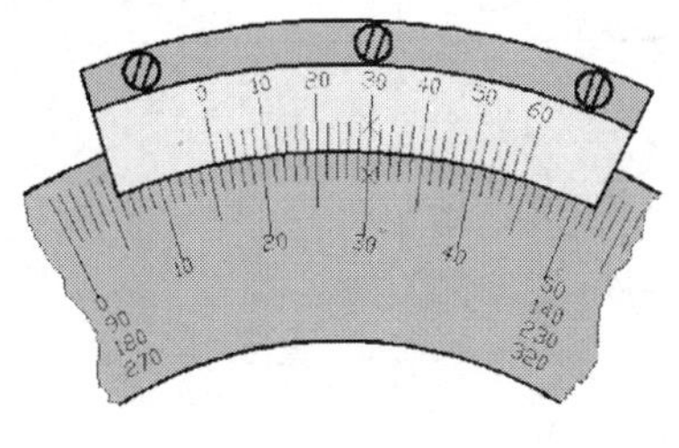

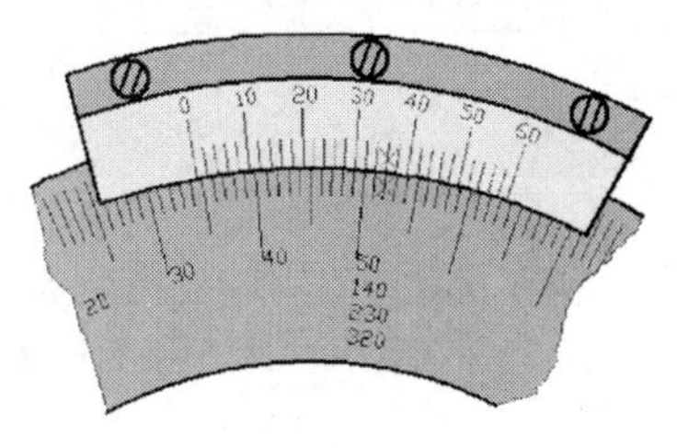

____________________　　____________________

10．标出百分表各组成部分的名称。

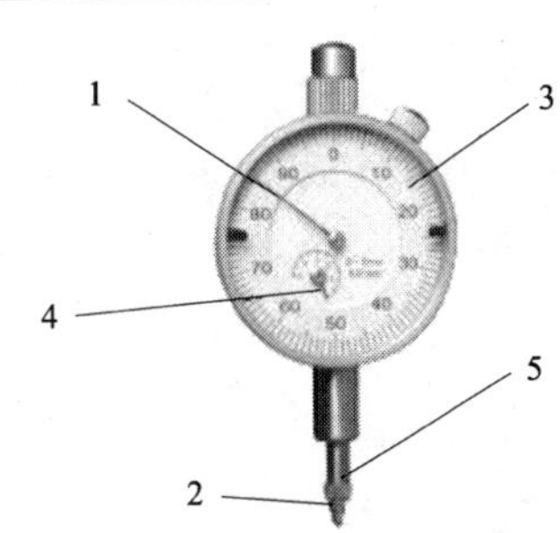

1—

2—

3—

4—

5—

11．普通外径百分表测量精度可达______mm，即______绕圆周方向转动一格，______沿轴线方向移动______mm。

评价与分析

活动过程评价表

班级		姓名		学号		日期	年　月　日
序号	评价要点				配分	得分	总评
1	能说出常用铣床的种类				5		A□（86－100） B□（76－85） C□（60－75） D□（60 以下）
2	能说出铣床主要部件的名称				5		
3	能根据加工要求，正确选择刀具				10		
4	能正确安装铣刀				10		
5	能在铣床上正确装夹工件				10		
6	能说出定位和夹紧的区别				5		
7	能合理选择切削用量				10		
8	能正确使用百分表和万能角度尺进行测量				10		
9	V 型铁铣削质量符合要求				20		
10	与同学之间能相互合作				5		
11	能严格遵守作息时间				5		
12	及时完成老师布置的任务				5		
小结 建议							

学习活动 5　刃 磨 刮 刀

学习目标

- 能用旧锉刀刃磨出刮刀。
- 能理解刮刀角度对刮削质量的影响。
- 能根据刮削过程对刮削的不同要求，刃磨不同的角度。

建议学时：6 学时

学习准备

相关图样、教材、工量刃具 、砂轮机 、油石。

学习过程

1. 刮刀是刮削的主要工具，说出下列两种刮刀有什么区别，各自应用在哪些场合。

a)　　　　　　b)

a 图与 b 图的区别：

a 图的应用场合：

b 图的应用场合：

2. 在下图中标出刮刀的相应几何角度。

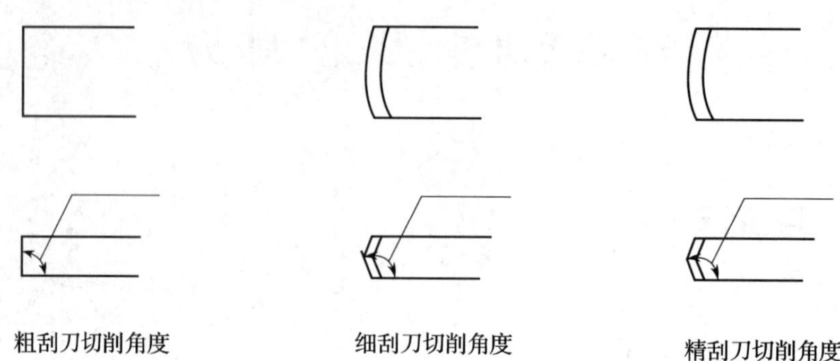

3. 刃磨刮刀分粗磨、细磨和精磨。粗磨、细磨是在砂轮上进行，而精磨需使用油石。试结合下图所示图例及加工实际，说出刃磨时要注意哪些方面。

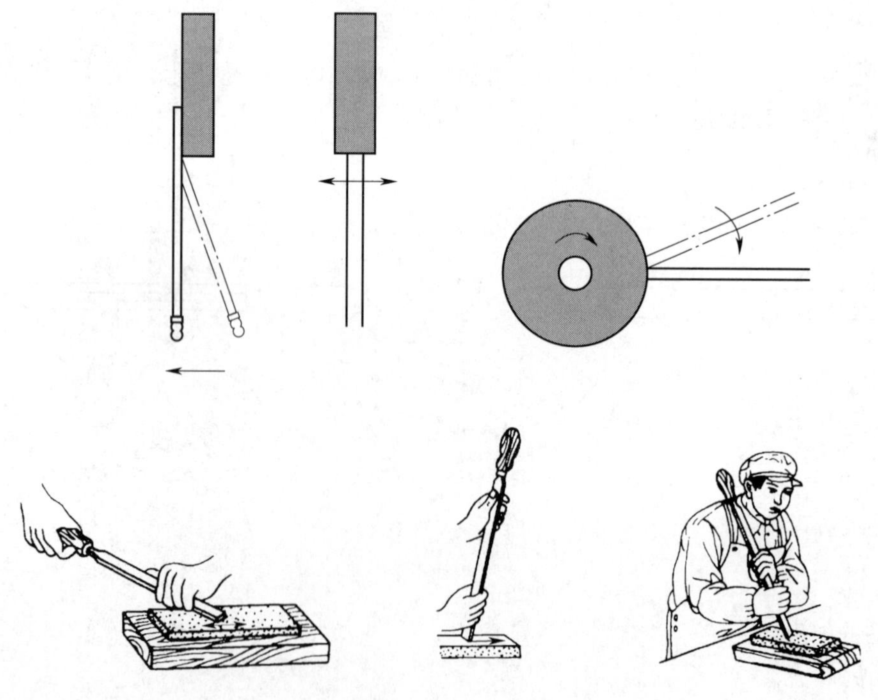

刃磨的注意事项：

4．刮刀在粗磨时，为何要经常蘸水？

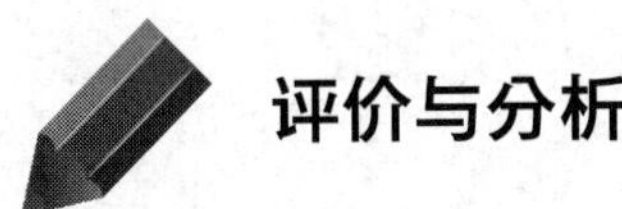

评价与分析

活动过程评价表

班级		姓名		学号		日期	年　月　日
序号	评价要点				配分	得分	总评
1	能正确选择刮刀				10		A□（86－100） B□（76－85） C□（60－75） D□（60 以下）
2	能正确标出刮刀的切削角度				10		
3	能说出刮刀刃磨时的注意事项				10		
4	能正确刃磨刮刀				20		
5	刮刀的刃磨质量符合要求				20		
6	与同学之间能相互合作				10		
7	能严格遵守作息时间				10		
8	及时完成老师布置的任务				10		
小结建议							

学习活动6 刮削V型铁

学习目标

- 能用手刮法刮削 V 型铁。
- 能用百分表测量 V 型铁的对称度。
- 能间接测量 V 型铁的中心高。

建议学时：12 学时

学习准备

相关图样、教材、百分表、砂轮机、油石。

学习过程

1. 查阅相关资料，了解下图所示两种常用刮削方法的特点，并确定加工 V 型铁时宜采用哪一种刮削方法？为什么？

a)

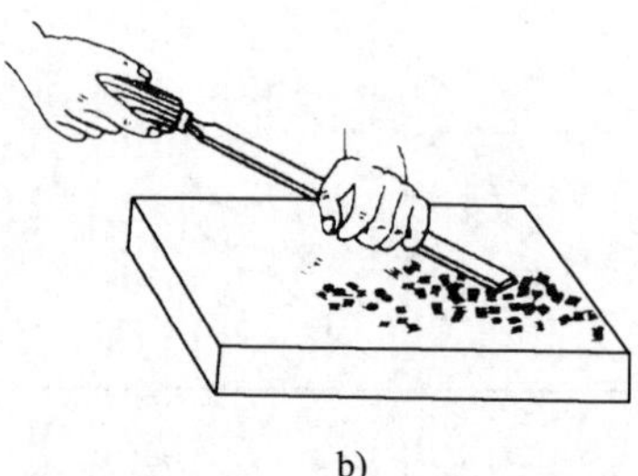

b)

a 图的特点：

b 图的特点：

加工 V 型铁时宜采用哪一种刮削方法？为什么？

2. V 型铁的检验方法。

（1）图示并说明（$35_{-0.027}^{\ 0}$）mm 尺寸的检验方法。

（2）图示并说明 | ⌯ | 0.01 | *A* | 的检验方法。

（3）用图示表示测量 V 形铁中心高的方法。

3. 结合实际，说说如何检查刮削质量中的接触精度?

4. 查阅公差表，确定未注公差尺寸的偏差和公差（按 H、js）。

序号	基本尺寸	上偏差	下偏差	公差值

5. 自行检测 V 型铁刮削质量，并记录。

序号	检测部位	形状精度	位置精度	尺寸精度	表面粗糙度
1					
2					
3					
4					
5					
6					
7					
8					

6. 小组讨论，分析刮削产生缺陷的原因。

缺陷形式	特征	产生原因
接触点达不到要求		
深凹痕		
落刀或起刀痕		
振痕		
划痕		
丝纹		

评价与分析

活动过程评价表

<table>
<tr><td>班级</td><td></td><td>姓名</td><td></td><td>学号</td><td></td><td>日期</td><td>年　月　日</td></tr>
<tr><td>序号</td><td colspan="5">评价要点</td><td>配分</td><td>得分</td><td>总评</td></tr>
<tr><td>1</td><td colspan="5">能说出手刮法的特点</td><td>5</td><td></td><td rowspan="13">A□（86－100）
B□（76－85）
C□（60－75）
D□（60 以下）</td></tr>
<tr><td>2</td><td colspan="5">能正确对 V 型进行检验</td><td>10</td><td></td></tr>
<tr><td>3</td><td colspan="5">能分析刮削产生缺陷的原因</td><td>10</td><td></td></tr>
<tr><td>4</td><td colspan="5">刮削姿势正确</td><td>10</td><td></td></tr>
<tr><td>5</td><td colspan="5">刮削刀迹整齐、美观</td><td>10</td><td></td></tr>
<tr><td>6</td><td colspan="5">接触点 12 点/25 × 25 mm^2 以上，点子清晰、均匀</td><td>10</td><td></td></tr>
<tr><td>7</td><td colspan="5">⌯ 0.01 A 符合要求</td><td>10</td><td></td></tr>
<tr><td>8</td><td colspan="5">$(35_{-0.027}^{0})$ mm 符合要求</td><td>10</td><td></td></tr>
<tr><td>9</td><td colspan="5">无明显落刀痕，无丝纹和振纹</td><td>5</td><td></td></tr>
<tr><td>10</td><td colspan="5">符合表面粗糙度要求</td><td>5</td><td></td></tr>
<tr><td>11</td><td colspan="5">与同学之间能相互合作</td><td>5</td><td></td></tr>
<tr><td>12</td><td colspan="5">能严格遵守作息时间</td><td>5</td><td></td></tr>
<tr><td>13</td><td colspan="5">及时完成老师布置的任务</td><td>5</td><td></td></tr>
<tr><td>小结
建议</td><td colspan="8"></td></tr>
</table>

学习活动7　工作总结、成果展示、经验交流

学习目标

- 能正确规范撰写总结。
- 能采用多种形式进行成果展示。
- 能有效进行工作反馈与经验交流。

建议学时：2学时

学习准备

课件准备、书面总结、制件、白板、纸张。

学习过程

1. 写出成果展示方案。

2. 写出工作总结和评价。

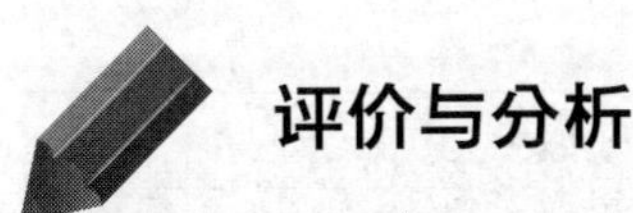

评价与分析

活动过程评价自评表

班级		姓名		学号		日期	年　月　日		
评价指标	评价要素				权重	等级评定			
						A	B	C	D
信息检索	能有效利用网络资源、工作手册查找有效信息				5%				
	能用自己的语言有条理地去解释、表述所学知识				5%				
	能将查找到的信息有效转换到工作中				5%				
感知工作	是否熟悉工作岗位，认同工作价值				5%				
	在工作中，是否获得满足感				5%				
参与状态	与教师、同学之间是否相互尊重、理解、平等				5%				
	与教师、同学之间是否能够保持多向、丰富、适宜的信息交流				5%				
	探究学习，自主学习不流于形式，处理好合作学习和独立思考的关系，做到有效学习				5%				
	能提出有意义的问题或能发表个人见解；能按要求正确操作；能够倾听、协作、分享				5%				
	积极参与，在产品加工过程中不断学习，提高综合运用信息技术的能力				5%				
学习方法	工作计划、操作技能是否符合规范要求				5%				
	是否获得了进一步发展的能力				5%				
工作过程	遵守管理规程，操作过程符合现场管理要求				5%				
	平时上课的出勤情况和每天完成工作任务情况				5%				
	善于多角度思考问题，能主动发现、提出有价值的问题				5%				
思维状态	是否能发现问题、提出问题、分析问题、解决问题、创新问题				5%				

续表

<table>
<tr><td>班级</td><td></td><td>姓名</td><td></td><td>学号</td><td></td><td>日期</td><td colspan="3">年　月　日</td></tr>
<tr><td rowspan="2">评价指标</td><td colspan="4" rowspan="2">评价要素</td><td rowspan="2">权重</td><td colspan="4">等级评定</td></tr>
<tr><td>A</td><td>B</td><td>C</td><td>D</td></tr>
<tr><td rowspan="4">自评反馈</td><td colspan="4">按时按质完成工作任务</td><td>5%</td><td></td><td></td><td></td><td></td></tr>
<tr><td colspan="4">较好地掌握了专业知识点</td><td>5%</td><td></td><td></td><td></td><td></td></tr>
<tr><td colspan="4">具有较强的信息分析能力和理解能力</td><td>5%</td><td></td><td></td><td></td><td></td></tr>
<tr><td colspan="4">具有较为全面严谨的思维能力并能条理明晰地表述成文</td><td>5%</td><td></td><td></td><td></td><td></td></tr>
<tr><td colspan="5">自评等级</td><td colspan="5"></td></tr>
<tr><td>有益的经验和做法</td><td colspan="9"></td></tr>
<tr><td>总结反思建议</td><td colspan="9"></td></tr>
</table>

等级评定：A：好　B：较好　C：一般　D：有待提高

活动过程评价互评表

<table>
<tr><td>班级</td><td></td><td>姓名</td><td></td><td>学号</td><td></td><td>日期</td><td colspan="3">年　月　日</td></tr>
<tr><td rowspan="2">评价指标</td><td colspan="4" rowspan="2">评价要素</td><td rowspan="2">权重</td><td colspan="4">等级评定</td></tr>
<tr><td>A</td><td>B</td><td>C</td><td>D</td></tr>
<tr><td rowspan="3">信息检索</td><td colspan="4">能有效利用网络资源、工作手册查找有效信息</td><td>5%</td><td></td><td></td><td></td><td></td></tr>
<tr><td colspan="4">能用自己的语言有条理地去解释、表述所学知识</td><td>5%</td><td></td><td></td><td></td><td></td></tr>
<tr><td colspan="4">能将查找到的信息有效地转换到工作中</td><td>5%</td><td></td><td></td><td></td><td></td></tr>
<tr><td rowspan="2">感知工作</td><td colspan="4">是否熟悉自己的工作岗位，认同工作价值</td><td>5%</td><td></td><td></td><td></td><td></td></tr>
<tr><td colspan="4">在工作中，是否获得满足感</td><td>5%</td><td></td><td></td><td></td><td></td></tr>
<tr><td rowspan="3">参与状态</td><td colspan="4">与教师、同学之间是否相互尊重、理解、平等</td><td>5%</td><td></td><td></td><td></td><td></td></tr>
<tr><td colspan="4">与教师、同学之间是否能够保持多向、丰富、适宜的信息交流</td><td>5%</td><td></td><td></td><td></td><td></td></tr>
<tr><td colspan="4">能处理好合作学习和独立思考的关系，做到有效学习</td><td>5%</td><td></td><td></td><td></td><td></td></tr>
</table>

续表

班级		姓名		学号		日期	年 月 日		
评价指标	评价要素				权重	等级评定			
						A	B	C	D
参与状态	能提出有意义的问题或能发表个人见解；能按要求正确操作；能够倾听、协作、分享				5%				
	积极参与，在产品加工过程中不断学习，综合运用信息技术的能力提高很大				5%				
学习方法	工作计划、操作技能是否符合规范要求				5%				
	是否获得了进一步发展的能力				5%				
工作过程	是否遵守管理规程，操作过程符合现场管理要求				5%				
	平时上课的出勤情况和每天完成工作任务情况				5%				
	是否善于多角度思考问题，能主动发现、提出有价值的问题				5%				
思维状态	是否能发现问题、提出问题、分析问题、解决问题、创新问题				5%				
互评反馈	能严肃认真地对待互评				10%				
互评等级									
简要评述									

等级评定：A：好　B：较好　C：一般　D：有待提高

活动过程教师评价表

班级			姓名		学号		权重	评价
知识策略	知识吸收	能设法记住要学习的内容					3%	
		使用多样性手段，通过网络、技术手册等收集到较多有效信息					3%	
	知识构建	自觉寻求不同工作任务之间的内在联系					3%	
	知识应用	将学习到的内容应用到解决实际问题中					3%	
工作策略	兴趣取向	对课程本身感兴趣，熟悉自己的工作岗位，认同工作价值					3%	
	成就取向	学习的目的是获得高水平的成绩					3%	
	批判性思考	谈到或听到一个推论或结论时，会考虑到其他可能的答案					3%	

续表

<table>
<tr><td>班级</td><td></td><td>姓名</td><td></td><td>学号</td><td></td><td>权重</td><td>评价</td></tr>
<tr><td rowspan="11">管理策略</td><td>自我管理</td><td colspan="4">若不能很好地理解学习内容，会设法找到该任务相关的其他资讯</td><td>3%</td><td></td></tr>
<tr><td rowspan="5">过程管理</td><td colspan="4">正确回答材料和教师提出的问题</td><td>3%</td><td></td></tr>
<tr><td colspan="4">能根据提供的材料、工作页和教师指导进行有效学习</td><td>3%</td><td></td></tr>
<tr><td colspan="4">针对工作任务，能反复查找资料、反复研讨，编制有效工作计划</td><td>3%</td><td></td></tr>
<tr><td colspan="4">在工作过程中，留有研讨记录</td><td>3%</td><td></td></tr>
<tr><td colspan="4">团队合作中，主动承担完成任务</td><td>3%</td><td></td></tr>
<tr><td>时间管理</td><td colspan="4">有效组织学习时间和按时按质完成工作任务</td><td>3%</td><td></td></tr>
<tr><td rowspan="4">结果管理</td><td colspan="4">在学习过程中有满足、成功与喜悦等体验，对后续学习更有信心</td><td>3%</td><td></td></tr>
<tr><td colspan="4">根据研讨内容，对讨论知识、步骤、方法进行合理的修改和应用</td><td>3%</td><td></td></tr>
<tr><td colspan="4">课后能积极有效地进行学习的自我反思，总结学习的长短之处</td><td>3%</td><td></td></tr>
<tr><td colspan="4">规范撰写工作小结，能进行经验交流与工作反馈</td><td>3%</td><td></td></tr>
<tr><td rowspan="12">过程状态</td><td rowspan="2">交往状态</td><td colspan="4">与教师、同学之间交流语言得体，彬彬有礼</td><td>3%</td><td></td></tr>
<tr><td colspan="4">与教师、同学之间保持多向、丰富、适宜的信息交流和合作</td><td>3%</td><td></td></tr>
<tr><td rowspan="2">思维状态</td><td colspan="4">能用自己的语言有条理地去解释、表述所学知识</td><td>3%</td><td></td></tr>
<tr><td colspan="4">善于多角度思考问题，能主动提出有价值的问题</td><td>3%</td><td></td></tr>
<tr><td>情绪状态</td><td colspan="4">能自我调控好学习情绪，能随着教学进程或解决问题的全过程而产生不同的情绪变化</td><td>3%</td><td></td></tr>
<tr><td>生成状态</td><td colspan="4">能总结当堂学习所得，或提出深层次的问题</td><td>3%</td><td></td></tr>
<tr><td rowspan="2">组内合作过程</td><td colspan="4">分工及任务目标明确，并能积极组织或参与小组工作</td><td>3%</td><td></td></tr>
<tr><td colspan="4">积极参与小组讨论并能充分地表达自己的思想或意见</td><td>3%</td><td></td></tr>
<tr><td rowspan="3">组际总结过程</td><td colspan="4">能采取多种形式，展示本小组的工作成果，并进行交流反馈</td><td>3%</td><td></td></tr>
<tr><td colspan="4">对其他组学生提出的疑问能做出积极有效的解释</td><td>3%</td><td></td></tr>
<tr><td colspan="4">认真听取其他组的汇报发言，并能大胆质疑或提出不同意见或更深层次的问题</td><td>3%</td><td></td></tr>
<tr><td>工作总结</td><td colspan="4">规范撰写工作总结</td><td>3%</td><td></td></tr>
<tr><td>自评</td><td>综合评价</td><td colspan="4">按照《活动过程评价自评表》，严肃认真地对待自评</td><td>5%</td><td></td></tr>
<tr><td>互评</td><td>综合评价</td><td colspan="4">按照《活动过程评价互评表》，严肃认真地对待互评</td><td>5%</td><td></td></tr>
<tr><td colspan="6">总评等级</td><td colspan="2"></td></tr>
<tr><td>建议</td><td colspan="7">评定人：（签名）　　年　月　日</td></tr>
</table>

等级评定：A：好　B：较好　C：一般　D：有待提高

制件评价

一、展示评价

把个人制作好的制件先进行分组展示，再由小组推荐代表作必要的介绍。在展示的过程中，以组为单位进行评价；评价完成后，根据其他组成员对本组展示成果的评价意见进行归纳总结。主要评价项目如下：

1. 展示的产品是否符合技术标准？

合格□　　不良□　　返修□　　报废□

2. 与其他组相比，本小组的产品工艺是否合理？

工艺优化□　　工艺合理□　　工艺一般□

3. 本小组介绍成果时，表达是否清晰合理？

很好□　　一般，需要补充□　　不清晰□

4. 本小组演示产品检测方法时，操作是否正确？

正确□　　部分正确□　　不正确□

5. 本小组演示操作时，是否遵循了“6S”的工作要求？

符合工作要求□　　忽略了部分要求□　　完全没有遵循 □

6. 本小组的成员团队创新精神如何？

良好□　　一般 □　　不足□

7. 总结这次任务，本组是否达到学习目标？你给予本组的评分是多少？对本组的建议是什么？

学生：（签名）________　　　　________年________月________日

二、教师对展示的作品分别作评价

1. 针对展示过程中各组的优点进行点评。
2. 针对展示过程中各组的缺点进行点评，提出改进方法。
3. 总结整个任务完成中出现的亮点和不足。

三、综合评价

指导教师：（签名）________　　　　________年________月________日

任务七　刀口角尺制作

1. 能接受刀口角尺制作任务，明确加工工期、加工要求，制定加工计划。
2. 能正确识读刀口角尺加工图样。
3. 能对照刀口角尺加工图样，看懂其加工工艺卡片。
4. 能按加工步骤完成刀口角尺各部位的钳加工并为磨削、研磨留出加工余量。
5. 能按平面磨床的操作规程操作平面磨床对工件进行磨削加工。
6. 能通过查阅钳工相关手册选用合适的研具及磨料。
7. 能按研磨工艺的要求对工件进行研磨加工。
8. 能按检测要求正确选用量具，并对工件进行检测。
9. 能撰写工作报告。

40 学时

某师傅根据实际生产需要，设计了刀口角尺的加工零件图，如下图所示。考虑到是单件加工，所以选择钳加工和机加工共同完成。现把加工任务安排给你，试完成刀口角尺的制作。

零件图

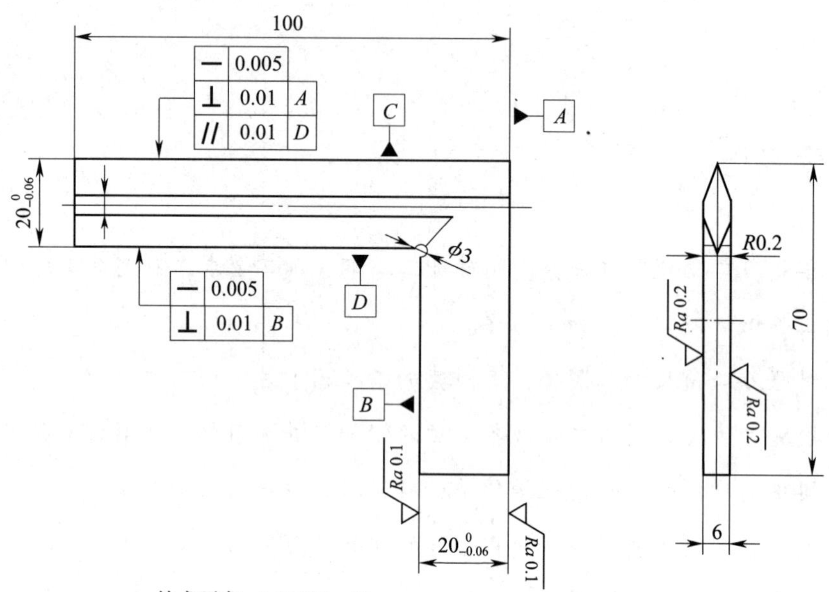

技术要求：MRC46～52。

工作流程与活动

◇ 学习活动 1　接受工作任务，制定工作计划（2 学时）

◇ 学习活动 2　抄画刀口角尺图样，填写其加工工艺卡（6 学时）

◇ 学习活动 3　刀口角尺的钳加工（6 学时）

◇ 学习活动 4　磨床的操作规程、操作方法（2 学时）

◇ 学习活动 5　刀口角尺的磨削加工（4 学时）

◇ 学习活动 6　研具和磨料的选择（2 学时）

◇ 学习活动 7　刀口角尺的研磨（14 学时）

◇ 学习活动 8　刀口角尺的精度检测（2 学时）

◇ 学习活动 9　工作总结、成果展示、经验交流（2 学时）

学习活动1　接受工作任务，制定工作计划

学习目标

- 能制定合理的进度计划。
- 能采集有效信息。
- 能在规定的时间内完成任务。

建议学时：2 学时

学习准备

切削手册、图样、教材。

学习过程

1. 查阅资料，写出钳工常用刀口角尺的种类规格及用途。

2. 刀口角尺的材质一般有什么要求？为什么？

3．小组讨论，合理安排工作进度计划。

序号	工作内容	工作要求	开始时间	结束时间	备注
结论					

4．根据小组成员特点，完成工作进度计划中的分工。

小组成员名单	成员特点	小组中的分工	备注

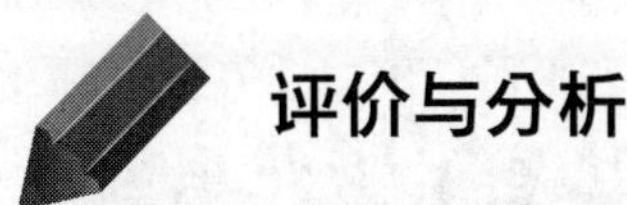

评价与分析

活动过程评价表

班级		姓名		学号		日期	年　月　日
序号	评价要点				配分	得分	总评
1	能说出刀口角尺的种类及规格				15		A□（86－100） B□（76－85） C□（60－75） D□（60 以下）
2	能说出刀口角尺的用途				15		
3	能说出刀口角尺的材质				20		
4	与同学之间能相互合作				15		
5	能严格遵守作息时间				15		
6	及时完成老师布置的任务				20		
小结 建议							

学习活动2　抄画刀口角尺图样，填写其加工工艺卡

学习目标

- 能分析图样中的图形要素。
- 能理解位置公差符号的含义。
- 能正确识读刀口角尺加工图样。
- 能运用 Auto CAD 绘图软件抄画刀口角尺图样。
- 能对照刀口角尺加工图样，填写其加工工艺卡。

建议学时：6学时

学习准备

图样、制图手册、教材。

学习过程

1. 分析刀口角尺图样。

序号	定形尺寸	定位尺寸	绘图基准	图形特点

2. 结合刀口角尺图样，解释下列形位公差代号的含义。

(1)

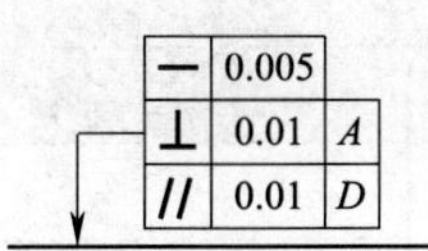

(2)

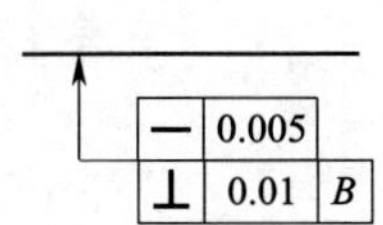

3. 运用 AutoCAD 绘图软件抄画刀口角尺图样，将输出结果展示在下面。

4. 填写刀口角尺加工工艺卡。

刀口角尺加工工艺卡					
工序	工步	操作内容	精度要求	加工余量	主要工量具
钳工加工	划线				
	钻工艺孔				
	锯削				
	锉削				
磨削加工	粗磨				
	精磨				
研磨	粗研				
	精研				

评价与分析

活动过程评价表

班级		姓名		学号		日期	年 月 日
序号	评价要点				配分	得分	总评
1	能分析图样中的图形要素				10		A□（86－100） B□（76－85） C□（60－75） D□（60 以下）
2	能识读位置公差符号				10		
3	能正确识读刀口角尺加工图样				10		
4	能运用 AutoCAD 绘图软件，抄画刀口角尺图样				25		
5	能对照刀口角尺加工图样填写其加工工艺卡				20		
6	与同学之间能相互合作				10		
7	能严格遵守 6S 管理要求				5		
8	能严格遵守作息时间				5		
9	及时完成老师布置的任务				5		
小结 建议							

学习活动3　刀口角尺的钳加工

学习目标

- 能按加工艺步骤完成刀口角尺各部位的钳加工，并为磨削、研磨留出加工余量。

建议学时：6 学时

学习准备

图样、刀口角尺加工工艺卡、工量刃具、工件材料。

学习过程

1. 识读刀口角尺图样，找出其加工基准。

2. 识读刀口角尺图样，找出其加工工艺孔，并说明其作用。

3. 写出刀口角尺钳加工的步骤，并正确加工。

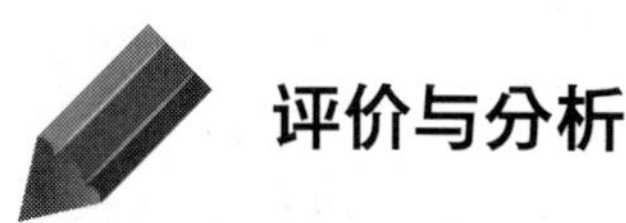

评价与分析

活动过程评价表

<table>
<tr><td>班级</td><td></td><td>姓名</td><td></td><td>学号</td><td></td><td>日期</td><td>年　月　日</td></tr>
<tr><td>序号</td><td colspan="5">评价要点</td><td>配分</td><td>得分</td><td>总评</td></tr>
<tr><td>1</td><td colspan="5">能按图样正确划线</td><td>20</td><td></td><td rowspan="7">A□（86－100）
B□（76－85）
C□（60－75）
D□（60 以下）</td></tr>
<tr><td>2</td><td colspan="5">能正确写出刀口角尺钳加工的步骤</td><td>15</td><td></td></tr>
<tr><td>3</td><td colspan="5">制件能达到钳加工要求</td><td>30</td><td></td></tr>
<tr><td>4</td><td colspan="5">能严格遵守 6S 管理要求</td><td>10</td><td></td></tr>
<tr><td>5</td><td colspan="5">与同学之间能相互合作</td><td>10</td><td></td></tr>
<tr><td>6</td><td colspan="5">能严格遵守作息时间</td><td>5</td><td></td></tr>
<tr><td>7</td><td colspan="5">及时完成老师布置的任务</td><td>10</td><td></td></tr>
<tr><td>小结
建议</td><td colspan="8"></td></tr>
</table>

学习活动 4　磨床的操作规程、操作方法

学习目标

- 能说出磨床的种类、型号及加工精度。
- 能按平面磨床的操作规程安全操作平面磨床。

建议学时：2 学时

学习准备

图样、任务书、教材、工量刃具。

学习过程

1. 查阅相关资料，列举磨床的种类、型号、加工精度及加工范围。

序号	种类	型号	加工精度	加工范围

2. 查阅相关资料，了解磨床的基本结构及各部分的功用。

<table>
<tr><th colspan="2">图 示</th><th>回答问题</th></tr>
<tr><td colspan="2">拖板
横向进给手轮
砂轮修正器
磨头
立柱
电磁吸盘
工作台
驱动工作台手轮
行程挡块
垂直进给手轮
床身</td><td>M7120 磨床含义：
M ________
71 ________
20 ________</td></tr>
<tr><td>横向进给手轮作用</td><td colspan="2"></td></tr>
<tr><td>纵向进给手轮作用</td><td colspan="2"></td></tr>
<tr><td>驱动工作台手轮作用</td><td colspan="2"></td></tr>
<tr><td>工作台开关手轮作用</td><td colspan="2"></td></tr>
<tr><td>行程挡块作用</td><td colspan="2"></td></tr>
</table>

3. 查阅相关资料，抄写平面磨床安全操作规程。

评价与分析

活动过程评价表

<table>
<tr><td>班级</td><td colspan="2"></td><td>姓名</td><td></td><td>学号</td><td></td><td>日期</td><td>年　月　日</td></tr>
<tr><td>序号</td><td colspan="6">评价要点</td><td>配分</td><td>得分</td><td>总评</td></tr>
<tr><td>1</td><td colspan="5">能说出磨床的种类及加工范围</td><td>30</td><td></td><td rowspan="7">A□（86－100）
B□（76－85）
C□（60－75）
D□（60 以下）</td></tr>
<tr><td>2</td><td colspan="5">能说出 M7120 磨床的含义</td><td>15</td><td></td></tr>
<tr><td>3</td><td colspan="5">能说出平面磨床安全操作规程</td><td>20</td><td></td></tr>
<tr><td>4</td><td colspan="5">能严格遵守 6S 管理要求</td><td>10</td><td></td></tr>
<tr><td>5</td><td colspan="5">与同学之间能相互合作</td><td>10</td><td></td></tr>
<tr><td>6</td><td colspan="5">能严格遵守作息时间</td><td>5</td><td></td></tr>
<tr><td>7</td><td colspan="5">及时完成老师布置的任务</td><td>10</td><td></td></tr>
<tr><td>小结
建议</td><td colspan="8"></td></tr>
</table>

学习活动 5　刀口角尺的磨削加工

学习目标

- 能按平面磨床的操作规程操作平面磨床对角尺进行磨削加工。

建议学时：4 学时

学习准备

图样、任务书、教材、工量刃具。

学习过程

1. 查阅相关资料，写出磨削时的注意事项。

2. 查阅相关资料，制定刀口角尺磨削的加工步骤，并正确加工。

3．记录切削过程的切削参数。

工序	背吃刀量	横向进给量	纵向进给量	切削速度	机床转速	砂轮转速

4．记录加工过程中使用到的量具。

工序	量具名称	量程	精度等级	图示测量部位	备注

评价与分析

活动过程评价表

班级		姓名		学号		日期	年 月 日
序号	评价要点				配分	得分	总评
1	能说出刀口角尺的磨削步骤				15		A□（86－100） B□（76－85） C□（60－75） D□（60 以下）
2	能正确操作磨床对刀口角尺进行磨削				30		
3	能达到刀口角尺的磨削要求				20		
4	能严格遵守 6S 管理要求				10		
5	与同学之间能相互合作				10		
6	能严格遵守作息时间				5		
7	及时完成老师布置的任务				10		
小结建议							

学习活动 6　研具和磨料的选择

学习目标

- 能通过查阅钳工相关手册选用合适的研具及磨料。

建议学时：2 学时

学习准备

钳工加工手册、教材。

学习过程

1. 查阅相关资料，了解研磨的工作原理。

2. 阅读下表，指出下表中所列常见的几种加工方法中，加工精度最高的是：________________________________，加工精度最低的是：________________________________。

	加工方法	加工情况	表面放大的情况	表面粗糙度
各种加工方法获得表面粗糙度的比较	车削			*R*a1.5~80 μm
	磨削			*R*a0.9~5 μm
	压光			*R*a1.5~2.5 μm
	研磨			*R*a0.15~1.5 μm
	研磨			*R*a0.1~1.6 μm

3. 查阅相关资料，了解研具材料的使用范围。

灰铸铁：

球墨铸铁：

软钢：

紫铜：

4. 下面哪个平板可以用于粗研磨？为什么？

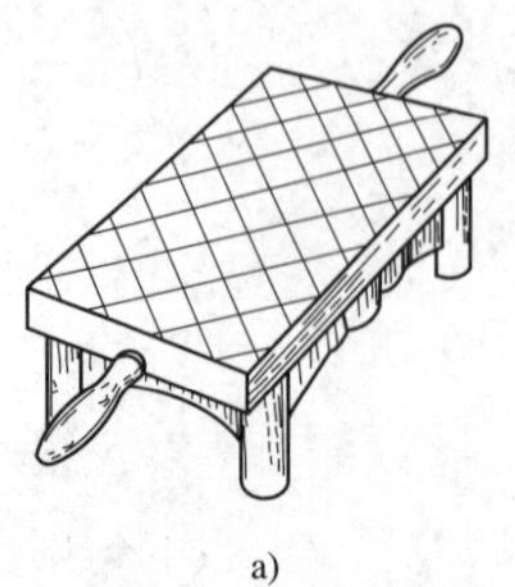

a)

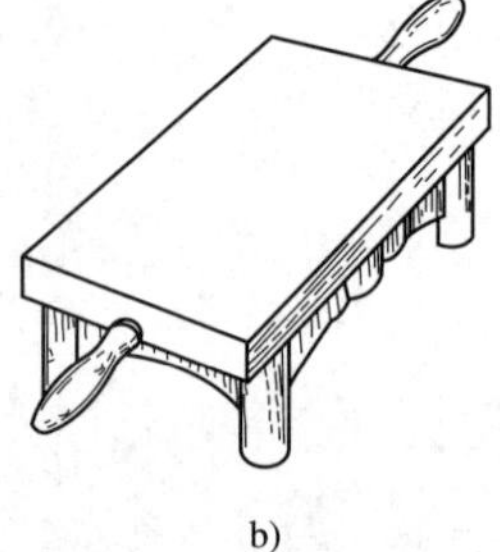

b)

5. 查阅相关资料，了解磨料的种类及粗细规格。

磨料的种类：

粗细规格：

评价与分析

活动过程评价表

班级		姓名		学号		日期	年　月　日
序号	评价要点				配分	得分	总评
1	能说出研磨的含义				15		A□（86－100） B□（76－85） C□（60－75） D□（60 以下）
2	能说出研具材料的使用范围				20		
3	能辨别研料的种类和规格				20		
4	能严格遵守 6S 管理要求				10		
5	与同学之间能相互合作				10		
6	能严格遵守作息时间				10		
7	及时完成老师布置的任务				15		
小结 建议							

学习活动 7　刀口角尺的研磨

学习目标

- 能按研磨工艺的要求对工件进行研磨加工。

建议学时：14 学时

学习准备

图样、任务书、教材、工量刃具。

学习过程

1. 仔细阅读下图，分析它们分别采用了哪种研磨运动？其研磨运功形式分别是什么？

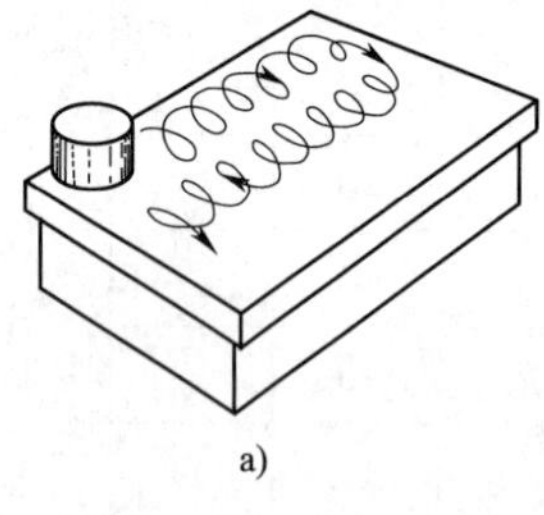

a)

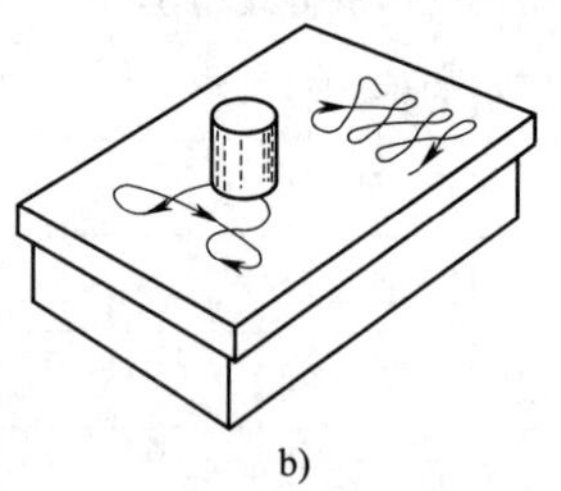

b)

a 图：

b 图：

2. 正确研磨刀口角尺，并分析刀口形 90°角尺研磨时应注意哪些事项？

3．分析研磨常见缺陷。

缺陷形式	缺陷产生原因
表面质量	
表面拉毛	

评价与分析

活动过程评价表

<table>
<tr><td>班级</td><td></td><td>姓名</td><td></td><td>学号</td><td></td><td>日期</td><td>年　月　日</td></tr>
<tr><td>序号</td><td colspan="4">评价要点</td><td>配分</td><td>得分</td><td>总评</td></tr>
<tr><td>1</td><td colspan="4">能运用正确的方法对刀口角尺进行研磨</td><td>15</td><td></td><td rowspan="7">A□（86－100）
B□（76－85）
C□（60－75）
D□（60 以下）</td></tr>
<tr><td>2</td><td colspan="4">能把研磨角度的注意事项运用到实际研磨中</td><td>20</td><td></td></tr>
<tr><td>3</td><td colspan="4">能对研磨出现的问题进行分析并解决</td><td>30</td><td></td></tr>
<tr><td>4</td><td colspan="4">能严格遵守 6S 管理要求</td><td>10</td><td></td></tr>
<tr><td>5</td><td colspan="4">与同学之间能相互合作</td><td>10</td><td></td></tr>
<tr><td>6</td><td colspan="4">能严格遵守作息时间</td><td>5</td><td></td></tr>
<tr><td>7</td><td colspan="4">及时完成老师布置的任务</td><td>10</td><td></td></tr>
<tr><td>小结
建议</td><td colspan="7"></td></tr>
</table>

学习活动8　刀口角尺的精度检测

学习目标

- 能按检测要求正确选用量具，并对工件进行检测。

建议学时：2 学时

学习准备

图样、任务书、教材、工量刃具。

学习过程

1. 查阅相关资料，了解以下几种检测方法及工具保养方法。

（1）垂直度的检测方法：

（2）表面粗糙度的检测方法：

（3）表面粗糙度对比块的保养方法：

（4）万能角度尺各种角度的组合使用方法：

（5）万能角度尺的保养方法：

2. 正确选用量具，对刀口角尺进行自检。

工件名称	刀口角尺			总得分	
项目	质量检测内容	配分	评分标准	实测结果	得分
1	$(20_{-0.06}^{0})$ mm（两处）	14 分	超差不得分		
2	尺座测量面（A、B）平面度 0.005 mm（两处）	14 分	超差不得分		
3	尺瞄刀口面直线度 0.005 mm（两处）	12 分	超差不得分		
4	外直角垂直度 0.01 mm	18 分	超差不得分		
5	内直角垂直度 0.01 mm	18 分	超差不得分		
6	测量面表面粗糙度 $Ra \leq 0.1$ μm（四面）	12 分	超差不得分		
7	两大平面表面粗糙度 $Ra \leq 0.2$ μm（两面）	12 分	超差不得分		
8	安全文明生产	—	酌情扣分		
现场记录					

评价与分析

活动过程评价表

班级		姓名		学号		日期	年　月　日
序号	评价要点				配分	得分	总评
1	能说出垂直度的检测方法				10		A□（86 - 100） B□（76 - 85） C□（60 - 75） D□（60 以下）
2	能说出表面粗糙度的检测方法				10		
3	能说出表面粗糙度对比块的保养方法				15		
4	能说出万能角度尺各种角度的组合使用方法				10		
5	刀口角尺自检结果正确				20		
6	能严格遵守 6S 管理要求				10		
7	与同学之间能相互合作				10		
8	能严格遵守作息时间				10		
9	及时完成老师布置的任务				5		
小结建议							

学习活动 9　工作总结、成果展示、经验交流

学习目标

- 能正确规范地撰写工作总结。
- 能采用多种形式进行成果展示。
- 能有效进行工作反馈与经验交流。

建议学时：2 学时

学习准备

课件、书面总结、制件、白板、纸张。

学习过程

1. 写出工作总结和评价。

2. 写出成果展示方案。

评价与分析

活动过程评价自评表

<table>
<tr><td>班级</td><td colspan="2"></td><td>姓名</td><td></td><td>学号</td><td></td><td>日期</td><td colspan="3">年　月　日</td></tr>
<tr><td rowspan="2">评价指标</td><td colspan="5" rowspan="2">评价要素</td><td rowspan="2">权重</td><td colspan="4">等级评定</td></tr>
<tr><td>A</td><td>B</td><td>C</td><td>D</td></tr>
<tr><td rowspan="3">信息检索</td><td colspan="5">能有效利用网络资源、工作手册查找有效信息</td><td>5%</td><td></td><td></td><td></td><td></td></tr>
<tr><td colspan="5">能用自己的语言有条理地去解释、表述所学知识</td><td>5%</td><td></td><td></td><td></td><td></td></tr>
<tr><td colspan="5">能将查找到的信息有效转换到工作中</td><td>5%</td><td></td><td></td><td></td><td></td></tr>
<tr><td rowspan="2">感知工作</td><td colspan="5">是否熟悉工作岗位，认同工作价值</td><td>5%</td><td></td><td></td><td></td><td></td></tr>
<tr><td colspan="5">在工作中，是否获得满足感</td><td>5%</td><td></td><td></td><td></td><td></td></tr>
<tr><td rowspan="5">参与状态</td><td colspan="5">与教师、同学之间是否相互尊重、理解、平等</td><td>5%</td><td></td><td></td><td></td><td></td></tr>
<tr><td colspan="5">与教师、同学之间是否能够保持多向、丰富、适宜的信息交流</td><td>5%</td><td></td><td></td><td></td><td></td></tr>
<tr><td colspan="5">探究学习，自主学习不流于形式，处理好合作学习和独立思考的关系，做到有效学习</td><td>5%</td><td></td><td></td><td></td><td></td></tr>
<tr><td colspan="5">能提出有意义的问题或能发表个人见解；能按要求正确操作；能够倾听、协作、分享</td><td>5%</td><td></td><td></td><td></td><td></td></tr>
<tr><td colspan="5">积极参与，在产品加工过程中不断学习，提高综合运用信息技术的能力</td><td>5%</td><td></td><td></td><td></td><td></td></tr>
</table>

续表

班级		姓名		学号		日期	年 月 日		
评价指标	评价要素				权重	等级评定			
						A	B	C	D
学习方法	工作计划、操作技能是否符合规范要求				5%				
	是否获得了进一步发展的能力				5%				
工作过程	遵守管理规程，操作过程符合现场管理要求				5%				
	平时上课的出勤情况和每天完成工作任务情况				5%				
	善于多角度思考问题，能主动发现、提出有价值的问题				5%				
思维状态	是否能发现问题、提出问题、分析问题、解决问题、创新问题				5%				
自评反馈	按时按质完成工作任务				5%				
	较好地掌握了专业知识点				5%				
	具有较强的信息分析能力和理解能力				5%				
	具有较为全面严谨的思维能力并能条理明晰地表述成文				5%				
自评等级									
有益的经验和做法									
总结反思建议									

等级评定：A：好　B：较好　C：一般　D：有待提高

活动过程评价互评表

班级		姓名		学号		日期	年 月 日		
评价指标	评价要素				权重	等级评定			
						A	B	C	D
信息检索	能有效利用网络资源、工作手册查找有效信息				5%				
	能用自己的语言有条理地去解释、表述所学知识				5%				
	能将查找到的信息有效地转换到工作中				5%				

续表

班级		姓名		学号		日期	年　月　日		
评价指标	评价要素				权重	等级评定			
						A	B	C	D
感知工作	是否熟悉自己的工作岗位，认同工作价值				5%				
	在工作中，是否获得满足感				5%				
参与状态	与教师、同学之间是否相互尊重、理解、平等				5%				
	与教师、同学之间是否能够保持多向、丰富、适宜的信息交流				5%				
	能处理好合作学习和独立思考的关系，做到有效学习				5%				
	能提出有意义的问题或能发表个人见解；能按要求正确操作；能够倾听、协作、分享				5%				
	积极参与，在产品加工过程中不断学习，综合运用信息技术的能力提高很大				5%				
学习方法	工作计划、操作技能是否符合规范要求				5%				
	是否获得了进一步发展的能力				5%				
工作过程	是否遵守管理规程，操作过程符合现场管理要求				5%				
	平时上课的出勤情况和每天完成工作任务情况				5%				
	是否善于多角度思考问题，能主动发现、提出有价值的问题				5%				
思维状态	是否能发现问题、提出问题、分析问题、解决问题、创新问题				5%				
互评反馈	能严肃认真地对待互评				10%				
互评等级									
简要评述									

等级评定：A：好　B：较好　C：一般　D：有待提高

活动过程教师评价表

<table>
<tr><th>班级</th><th colspan="2"></th><th>姓名</th><th></th><th>学号</th><th></th><th>权重</th><th>评价</th></tr>
<tr><td rowspan="4">知识策略</td><td rowspan="2">知识吸收</td><td colspan="5">能设法记住要学习的内容</td><td>3%</td><td></td></tr>
<tr><td colspan="5">使用多样性手段，通过网络、技术手册等收集到较多有效信息</td><td>3%</td><td></td></tr>
<tr><td>知识构建</td><td colspan="5">自觉寻求不同工作任务之间的内在联系</td><td>3%</td><td></td></tr>
<tr><td>知识应用</td><td colspan="5">将学习到的内容应用到解决实际问题中</td><td>3%</td><td></td></tr>
<tr><td rowspan="3">工作策略</td><td>兴趣取向</td><td colspan="5">对课程本身感兴趣，熟悉自己的工作岗位，认同工作价值</td><td>3%</td><td></td></tr>
<tr><td>成就取向</td><td colspan="5">学习的目的是获得高水平的成绩</td><td>3%</td><td></td></tr>
<tr><td>批判性思考</td><td colspan="5">谈到或听到一个推论或结论时，会考虑到其他可能的答案</td><td>3%</td><td></td></tr>
<tr><td rowspan="11">管理策略</td><td>自我管理</td><td colspan="5">若不能很好地理解学习内容，会设法找到该任务相关的其他资讯</td><td>3%</td><td></td></tr>
<tr><td rowspan="5">过程管理</td><td colspan="5">正确回答材料和教师提出的问题</td><td>3%</td><td></td></tr>
<tr><td colspan="5">能根据提供的材料、工作页和教师指导进行有效学习</td><td>3%</td><td></td></tr>
<tr><td colspan="5">针对工作任务，能反复查找资料、反复研讨，编制有效工作计划</td><td>3%</td><td></td></tr>
<tr><td colspan="5">在工作过程中，留有研讨记录</td><td>3%</td><td></td></tr>
<tr><td colspan="5">团队合作中，主动承担完成任务</td><td>3%</td><td></td></tr>
<tr><td>时间管理</td><td colspan="5">有效组织学习时间和按时按质完成工作任务</td><td>3%</td><td></td></tr>
<tr><td rowspan="4">结果管理</td><td colspan="5">在学习过程中有满足、成功与喜悦等体验，对后续学习更有信心</td><td>3%</td><td></td></tr>
<tr><td colspan="5">根据研讨内容，对讨论知识、步骤、方法进行合理的修改和应用</td><td>3%</td><td></td></tr>
<tr><td colspan="5">课后能积极有效地进行学习的自我反思，总结学习的长短之处</td><td>3%</td><td></td></tr>
<tr><td colspan="5">规范撰写工作小结，能进行经验交流与工作反馈</td><td>3%</td><td></td></tr>
<tr><td rowspan="5">过程状态</td><td rowspan="2">交往状态</td><td colspan="5">与教师、同学之间交流语言得体，彬彬有礼</td><td>3%</td><td></td></tr>
<tr><td colspan="5">与教师、同学之间保持多向、丰富、适宜的信息交流和合作</td><td>3%</td><td></td></tr>
<tr><td rowspan="2">思维状态</td><td colspan="5">能用自己的语言有条理地去解释、表述所学知识</td><td>3%</td><td></td></tr>
<tr><td colspan="5">善于多角度思考问题，能主动提出有价值的问题</td><td>3%</td><td></td></tr>
<tr><td>情绪状态</td><td colspan="5">能自我调控好学习情绪，能随着教学进程或解决问题的全过程而产生不同的情绪变化</td><td>3%</td><td></td></tr>
</table>

续表

<table>
<tr><th>班级</th><th colspan="2"></th><th>姓名</th><th></th><th>学号</th><th></th><th>权重</th><th>评价</th></tr>
<tr><td rowspan="7">过程状态</td><td>生成状态</td><td colspan="5">能总结当堂学习所得，或提出深层次的问题</td><td>3%</td><td></td></tr>
<tr><td rowspan="2">组内合作过程</td><td colspan="5">分工及任务目标明确，并能积极组织或参与小组工作</td><td>3%</td><td></td></tr>
<tr><td colspan="5">积极参与小组讨论并能充分地表达自己的思想或意见</td><td>3%</td><td></td></tr>
<tr><td rowspan="3">组际总结过程</td><td colspan="5">能采取多种形式，展示本小组的工作成果，并进行交流反馈</td><td>3%</td><td></td></tr>
<tr><td colspan="5">对其他组学生提出的疑问能做出积极有效的解释</td><td>3%</td><td></td></tr>
<tr><td colspan="5">认真听取其他组的汇报发言，并能大胆质疑或提出不同意见或更深层次的问题</td><td>3%</td><td></td></tr>
<tr><td>工作总结</td><td colspan="5">规范撰写工作总结</td><td>3%</td><td></td></tr>
<tr><td>自评</td><td>综合评价</td><td colspan="5">按照《活动过程评价自评表》，严肃认真地对待自评</td><td>5%</td><td></td></tr>
<tr><td>互评</td><td>综合评价</td><td colspan="5">按照《活动过程评价互评表》，严肃认真地对待互评</td><td>5%</td><td></td></tr>
<tr><td colspan="7">总评等级</td><td colspan="2"></td></tr>
<tr><td>建议</td><td colspan="6">评定人：（签名）</td><td colspan="2">年 月 日</td></tr>
</table>

等级评定：A：好 B：较好 C：一般 D：有待提高

一、展示评价

把个人制作好的制件先进行分组展示，再由小组推荐代表作必要的介绍。在展示的过程中，以组为单位进行评价；评价完成后，根据其他组成员对本组展示成果的评价意见进行归纳总结。主要评价项目如下：

1. 展示的产品是否符合技术标准？

合格□ 不良□ 返修□ 报废□

2. 与其他组相比，本小组的产品工艺是否合理？

工艺优化□ 工艺合理□ 工艺一般□

3. 本小组介绍成果时，表达是否清晰合理？

很好□ 一般，需要补充□ 不清晰□

4. 本小组演示产品检测方法时，操作是否正确？

正确□ 部分正确□ 不正确□

5. 本小组演示操作时，是否遵循了“6S”的工作要求？

符合工作要求□　　忽略了部分要求□　　完全没有遵循 □

6. 本小组的成员团队创新精神如何？

良好□　　一般 □　　不足□

7. 总结这次任务，本组是否达到学习目标？你给予本组的评分是多少？对本组的建议是什么？

学生：（签名）________　　________年________月________日

二、教师对展示的作品分别作评价

1. 针对展示过程中各组的优点进行点评。
2. 针对展示过程中各组的缺点进行点评，提出改进方法。
3. 总结整个任务完成中出现的亮点和不足。

三、综合评价

指导教师：（签名）________　　________年________月________日

任务八　铰手架制作

1. 能安全操作普通车床。
2. 能掌握铰手架的车削加工方法和步骤。
3. 能使用攻丝工具和刀具加工螺纹。
4. 能制定铰手架的钳加工方法和步骤。
5. 能独立完成铰手架的装配，满足功能要求。
6. 能使用量具检验铰手架的加工质量。
7. 能根据现场管理规范要求，清理场地，归置物品，能按环保要求处理废弃物。
8. 能自我评价，自选展示方法归纳总结加工过程和加工体会。

60 学时

铰手架是手工攻螺纹时用的夹持丝锥的工具，分普通铰杠和丁字铰杠两类。采用车削和钳工加工，靠螺纹或过盈连接完成。试根据铰手架的图样，对铰手架进行结构分析，完成铰手架的制作。

在接受工作任务后，制定工作计划，分析铰手架加工制作技术图样，查阅机械加工工

艺手册，确定毛坯材料、形状、尺寸，准备工、量、刃具，采用车削、钳加工方法完成铰手架加工，自检、互检后上交检验人员。验收合格后，填写工作单，撰写工作总结，采用各种形式展示工作成果。工作过程中遵循现场工作管理规范；工作完成后按照现场管理规范清理场地，归置物品，并按照环保规定处置废弃物。

◇ 活动 1　接受工作任务，制定工作计划（6 学时）

◇ 活动 2　车床基本操作（22 学时）

◇ 活动 3　分析图样，确定加工方法和步骤（2 学时）

◇ 活动 4　确定切削参数及零件加工的定位和装夹方法（2 学时）

◇ 活动 5　车削加工铰手架零件（6 学时）

◇ 活动 6　钳加工铰手架零件（16 学时）

◇ 活动 7　完成铰手架的装配（4 学时）

◇ 活动 8　工作总结、成果展示、经验交流（2 学时）

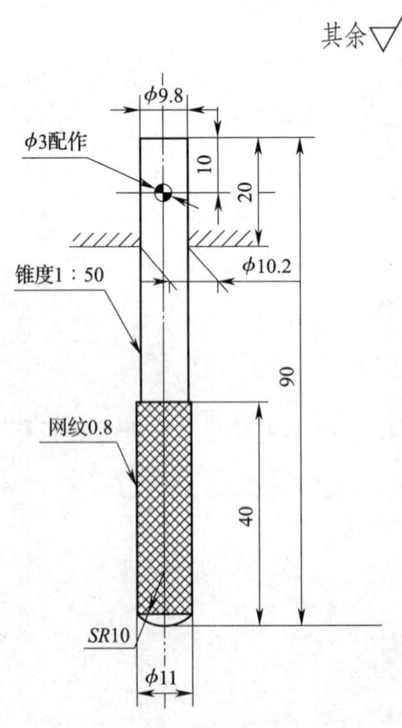

1—固定手柄

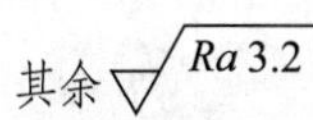

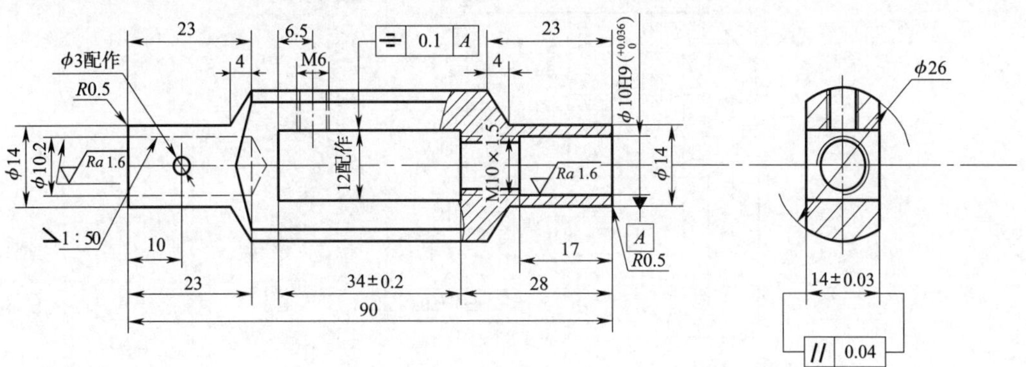

3—铰杠壳体

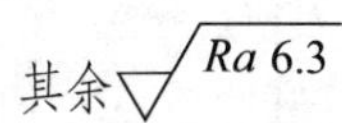

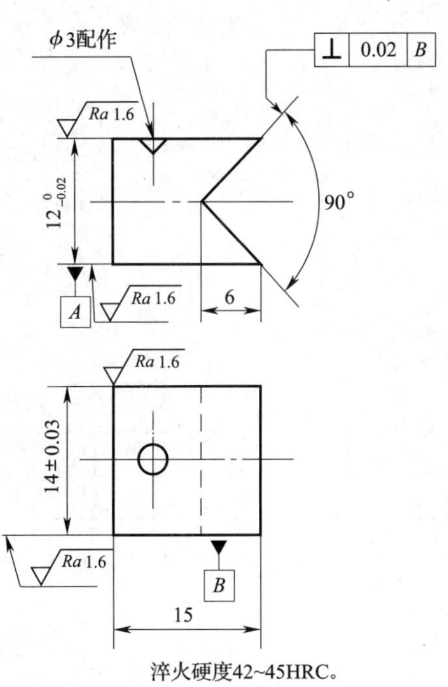

淬火硬度42~45HRC。

4—固定夹块

⊥ 0.02 C
ϕ3配作
A
其余 Ra 6.3
90°
90°
Ra 1.6
ϕ6H8 (+0.018 0)
12 0 -0.02
Ra 1.6
2
4
9
11
15
0.04 A
Ra1.6
4±0.03
Ra 1.6
C

6—活动夹块

其余 Ra 6.3
ϕ3
配作
C0.5
C0.7
M6×1左
Ra 1.6
4
12
9
32
ϕ6h7(0 -0.012)

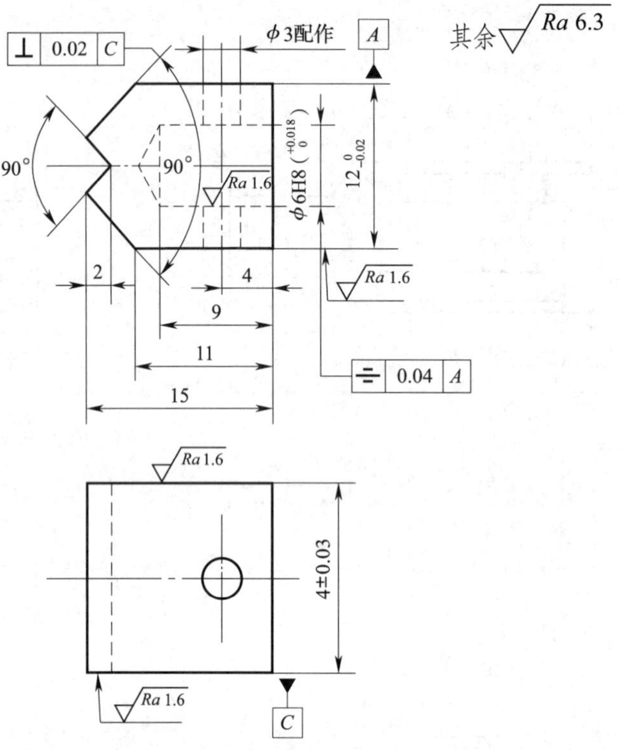

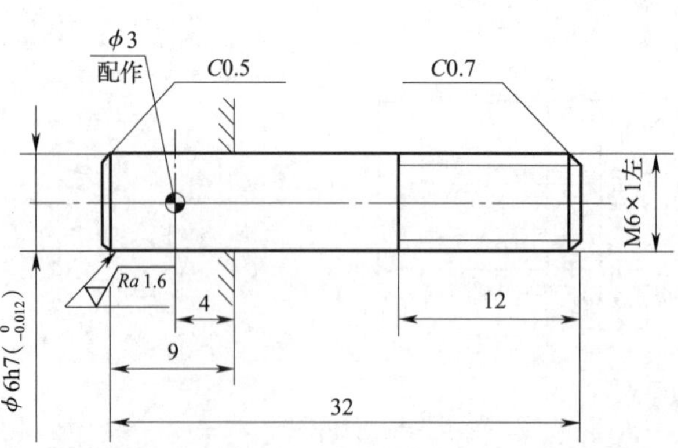

8—左旋螺杆

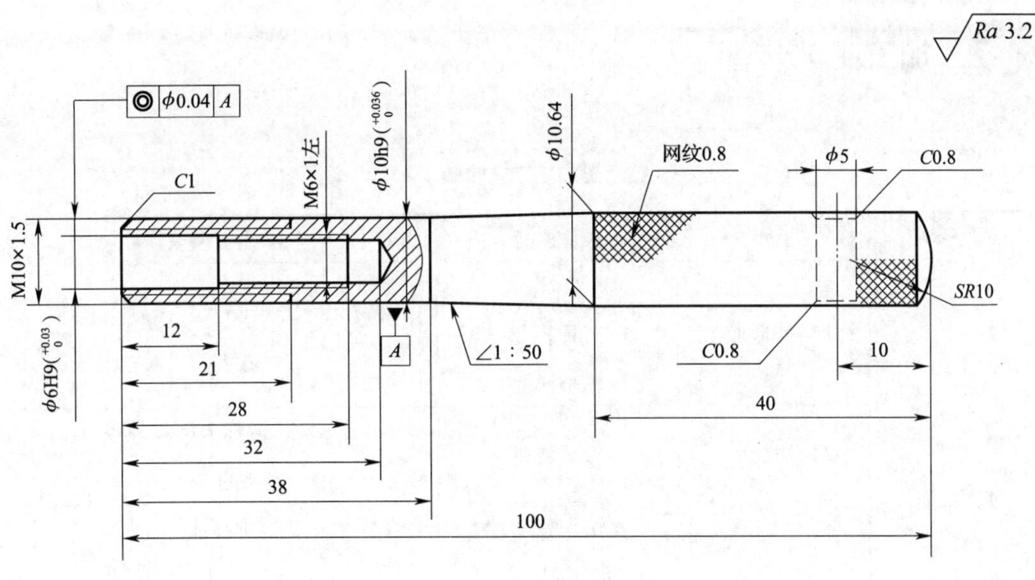

9—活动手柄

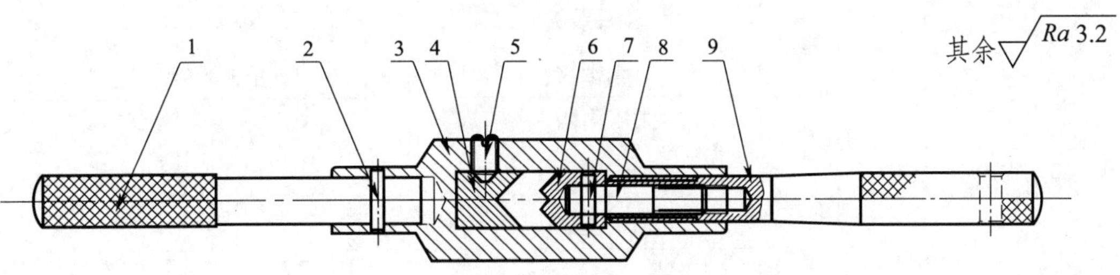

230 mm 铰杠装配图

230 mm 铰杠明细表					
序号	零件名称	材料	数量	规格	备注
1	固定手柄	35	1		
2	铆钉	Q235	1	ϕ3 × 16	外购
3	铰杠壳体	35	1		
4	固定夹块	45	1		
5	锥端螺钉		1		外购
6	活动夹块		1	M6 × 8	
7	圆柱销	45	1		外购
8	左旋螺杆		1	ϕ3 × 12	
9	活动手柄	35	1		

加工工艺步骤

铰手架加工工艺步骤卡

工序	工步	操作内容	主要工量具
（1）车削	1）外形加工	工件装夹 刀具装夹 车阶梯轴	游标卡尺、千分尺、锉刀、车刀 滚花刀
	2）切断	刀具装夹	游标卡尺 切断刀
	3）钻孔	钻头装夹 钻孔	中心钻 钻头
	4）攻螺纹	攻螺纹	机用丝锥
	5）套螺纹	工件装夹 套螺纹	板牙 机用板牙架
（2）钳加工		加工内四方 加工固定块 加工活动块	锉刀 钻头
（3）组装			

活动1　接受工作任务，制定工作计划

学习目标

- 能制定合理的工作进度计划。
- 能采用多种方式采集有效信息。
- 能在规定的时间内完成任务。

建议学时：6学时

学习准备

切削手册、设备清单表、教材。

学习过程

1. 查阅资料，分组讨论。

了解铰手架的构造及功用。

<table>
<tr><td>时间</td><td></td><td>主题</td><td>铰手架的构造及功用</td></tr>
<tr><td>主持人</td><td></td><td>成员</td><td></td></tr>
<tr><td>讨论
过程</td><td colspan="3"></td></tr>
<tr><td>结论</td><td colspan="3"></td></tr>
</table>

2．小组讨论，合理安排工作进度。

序号	开始时间	结束时间	工作内容	工作要求	备注

3．根据小组成员特点，完成工作进度计划中的分工。

小组成员名单	成员特点	小组中的分工	备注

评价与分析

活动过程评价表

<table>
<tr><td>班级</td><td></td><td>姓名</td><td></td><td>学号</td><td></td><td>日期</td><td>年　月　日</td></tr>
<tr><td>序号</td><td colspan="4">评价要点</td><td>配分</td><td>得分</td><td>总评</td></tr>
<tr><td>1</td><td colspan="4">能明确工作内容</td><td>10</td><td></td><td rowspan="6">A□（86－100）
B□（76－85）
C□（60－75）
D□（60 以下）</td></tr>
<tr><td>2</td><td colspan="4">能利用工作手册查找相关信息</td><td>20</td><td></td></tr>
<tr><td>3</td><td colspan="4">合理制定工作进度计划表</td><td>40</td><td></td></tr>
<tr><td>4</td><td colspan="4">与同学之间能相互合作</td><td>10</td><td></td></tr>
<tr><td>5</td><td colspan="4">能严格遵守作息时间</td><td>10</td><td></td></tr>
<tr><td>6</td><td colspan="4">及时完成老师布置的任务</td><td>10</td><td></td></tr>
<tr><td>小结
建议</td><td colspan="7"></td></tr>
</table>

活动 2　车床基本操作

学习目标

- 能遵守车床安全操作规程。
- 能按规范进行车床操作。
- 能按要求进行车刀刃磨。
- 能熟练进行车床保养。

建议学时：22 学时

学习准备

车削加工操作流程、车床操作说明书、教材。

学习过程

1. 查阅相关资料，列出车削加工的范围及特点。

2. 查阅相关资料，了解车床的结构。

（1）指出下图中车床各部分的名称，填写在横线上。

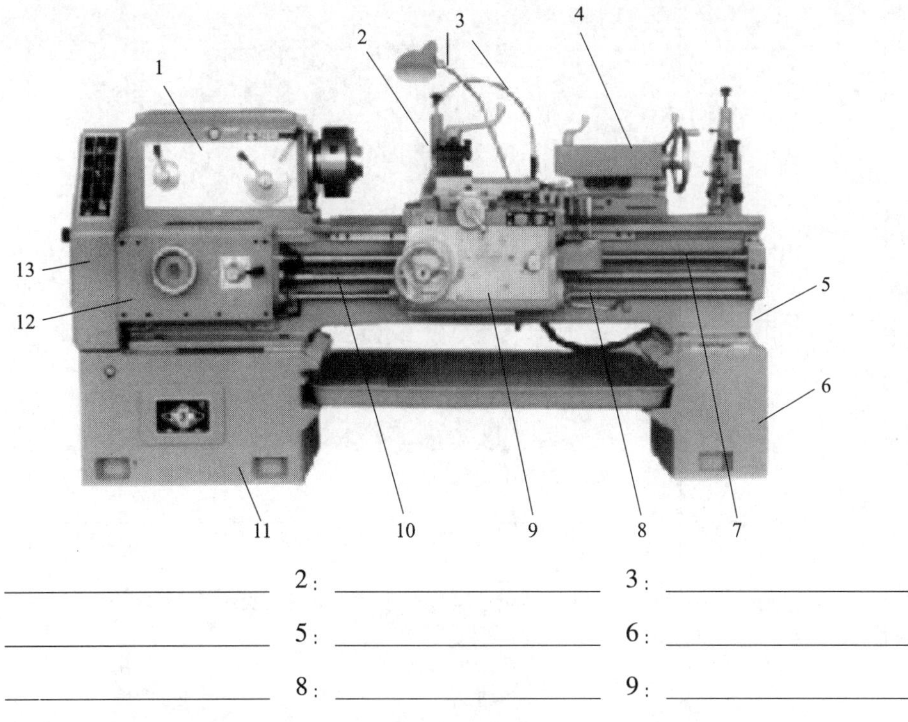

1：________　2：________　3：________

4：________　5：________　6：________

7：________　8：________　9：________

10：________　11：________　12：________

13：________

（2）指出下表所示车床主要部件的名称、结构及作用。

名称	结构及作用	图　示
		沈阳第一机床厂 CA614 变速手柄 分油器 传动轴 变速齿轮

续表

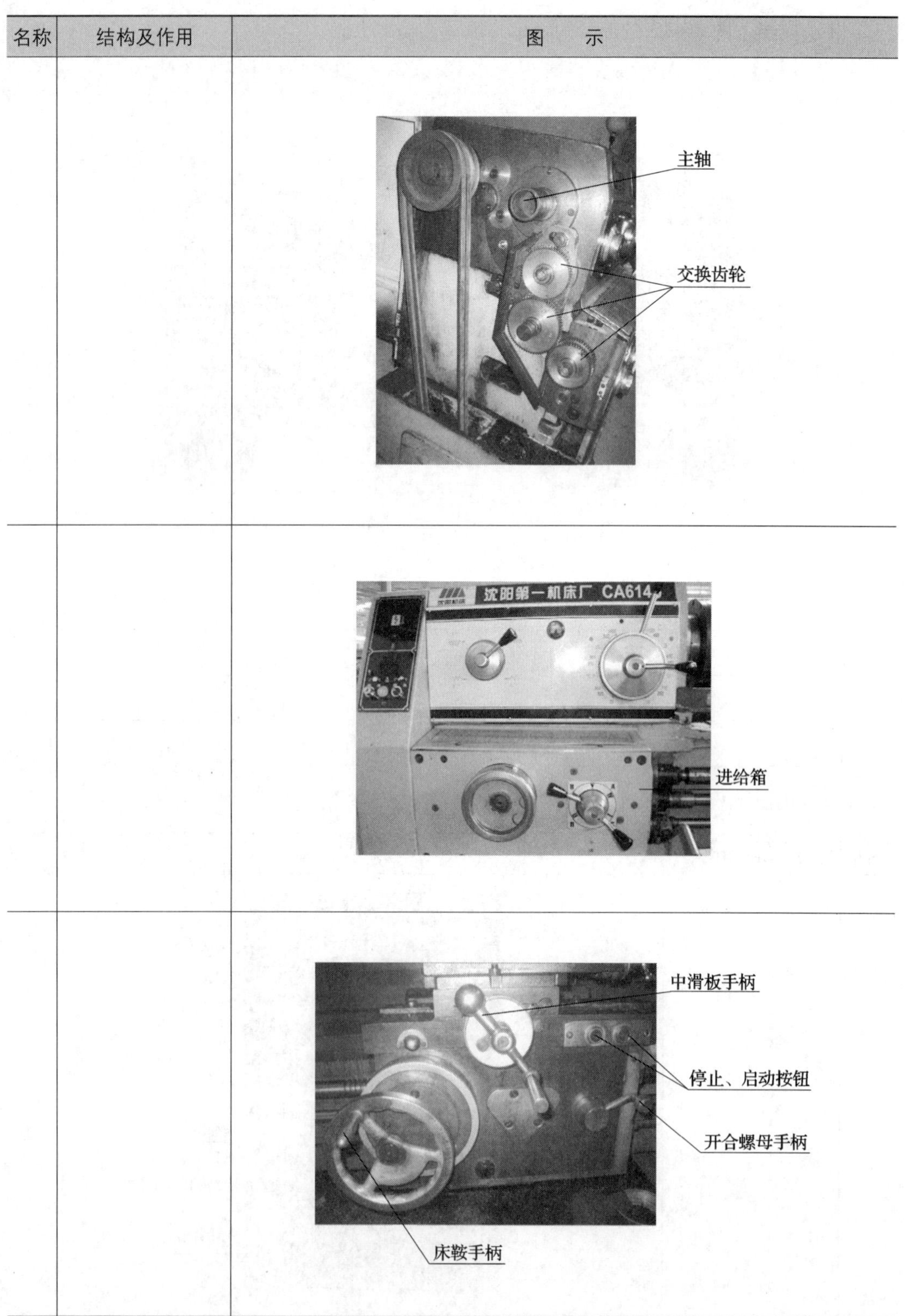

名称	结构及作用	图　　示

续表

名称	结构及作用	图　　示
		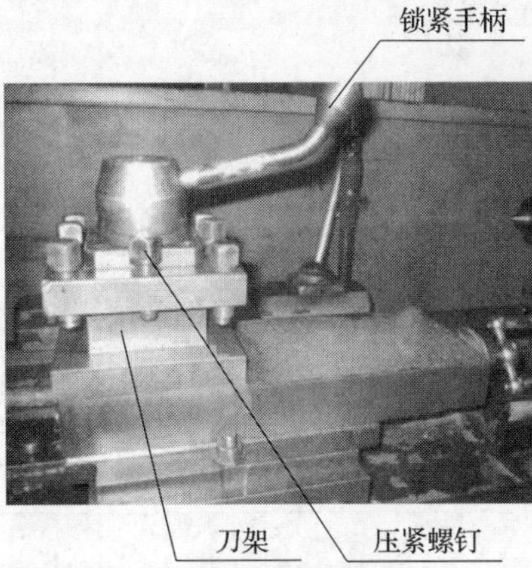 锁紧手柄 刀架 压紧螺钉
		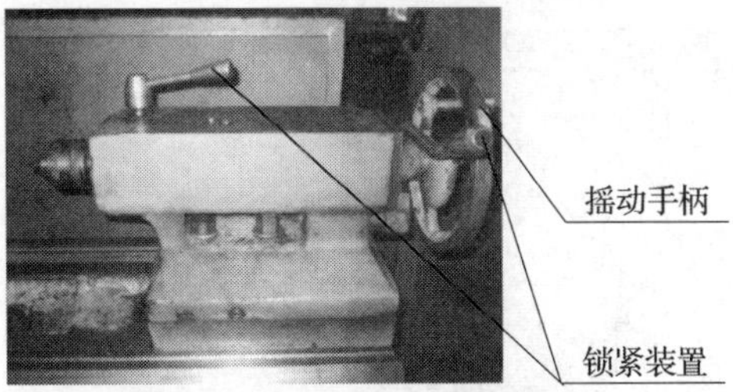 摇动手柄 锁紧装置
		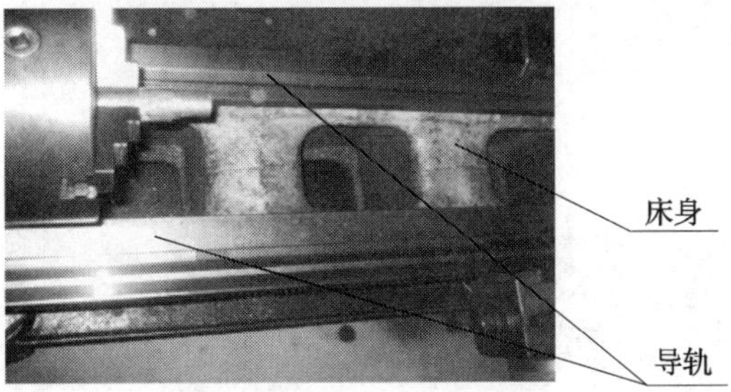 床身 导轨

(3) 解释下图所示机床牌号。

CA6140

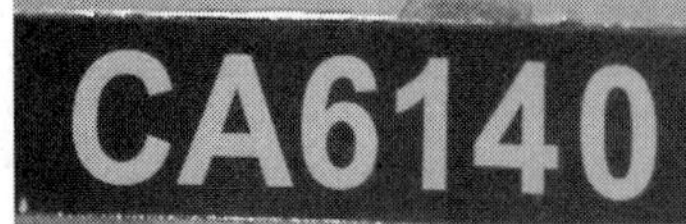

3. 查阅相关资料，掌握车床基本操作。

（1）写出车床安全操作规程。

（2）车床纵向进给量为0.1 mm/r时，在下表中填写出其手柄、手轮的相应位置。

图　　示	各手柄位置
	名称：________ 手柄在机床上的位置：________ ________ 手柄作用：________ 手柄位置：________
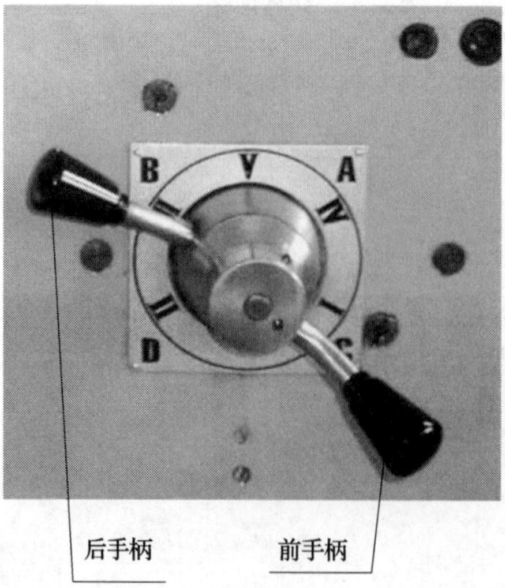 后手柄　前手柄	名称：________ 手柄在机床上的位置：________ ________ 手柄作用：________ 后手柄位置：________ 前手柄位置：________

续表

图　　示	各手柄位置
手轮	名称：________ 手轮在机床上的位置：________ ________ 手轮作用：________ 手轮位置：________ ________

(3) 车削螺距为 1 mm 的米制螺纹时，在下表中填写出各手柄的位置选择。

图　　示	各手柄位置
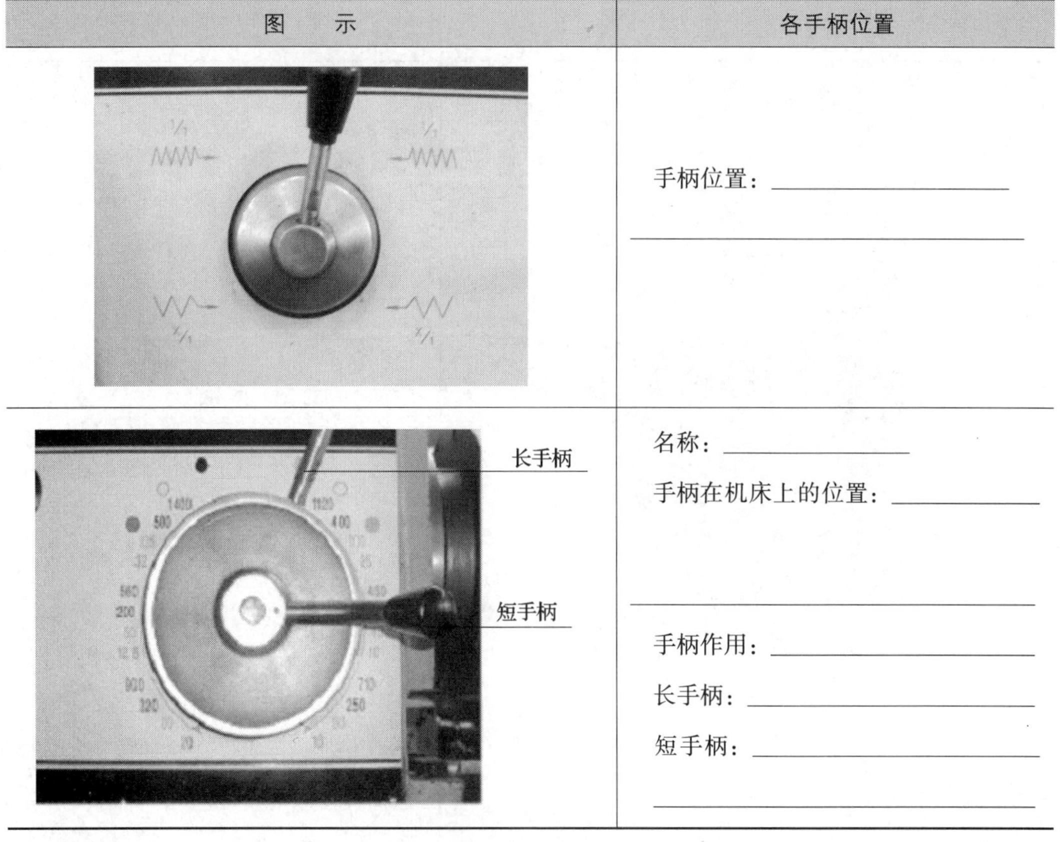	手柄位置：________ ________
	名称：________ 手柄在机床上的位置：________ ________ 手柄作用：________ 长手柄：________ 短手柄：________ ________

续表

<table>
<tr><th>图　　示</th><th>各手柄位置</th></tr>
<tr><td> B V A
D C
后手柄 前手柄</td><td>后手柄：__________
前手柄：__________
__________</td></tr>
<tr><td> 手轮</td><td>进 给 变 速 手 轮：__________
____
__________</td></tr>
</table>

（4）简述溜板箱的操作方法。

（5）说出溜板箱手柄位置及作用。

（6）分别写出床鞍刻度盘、中滑板刻度盘、小滑板刻度盘的使用方法。

图　　示	使用方法
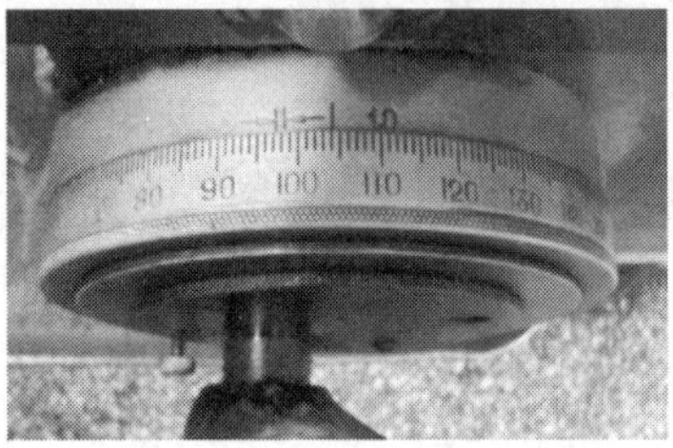	床鞍向左纵向进给 100 mm，床鞍刻度盘__________时针转过__________格
	中滑板横向进给 1 mm，中滑板刻度盘__________时针转过__________格
	小滑板向左纵向进给 1 mm，小滑板刻度盘__________时针转过__________格

(7) 转动床鞍、中滑板、小滑板手柄时，若产生空行程，应如何消除?

(8) 试述尾座套筒固定及尾座固定在床身上的操作方法。

尾座套筒固定的操作方法：

尾座固定在床身上的操作方法：

(9) 根据图示，以主轴 500 r/min 为例，填写启动车床、正转、反转的操作方法。

图　示	操作方法
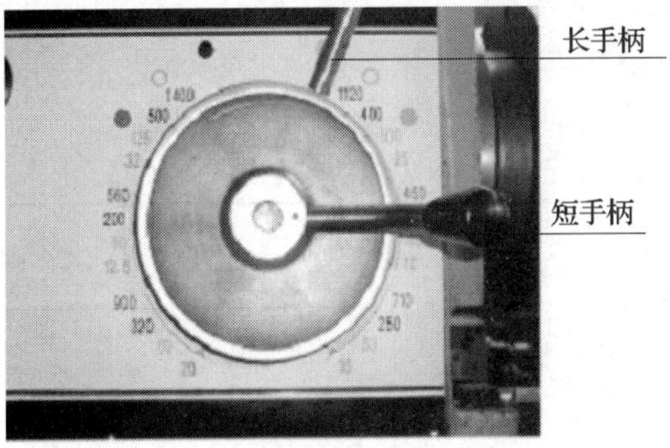 长手柄 短手柄	启动车床：______________ 长手柄：______________ 短手柄：______________ ______________
	启动车床：______________ 停止按钮：______________ 启动按钮：______________ ______________

续表

图　　示	操作方法
	正转：________ 操纵杆位置：________ ________ ________
	反转：________ 操纵杆位置：________ ________ ________

4. 查阅相关资料，列出车刀刃磨的技术要求。

5. 查阅相关资料，了解车床的润滑。

（1）根据图片提示说出各种润滑形式的用途及作用。

润滑形式	用途及作用	图　　示
油绳导油润滑		
油枪润滑		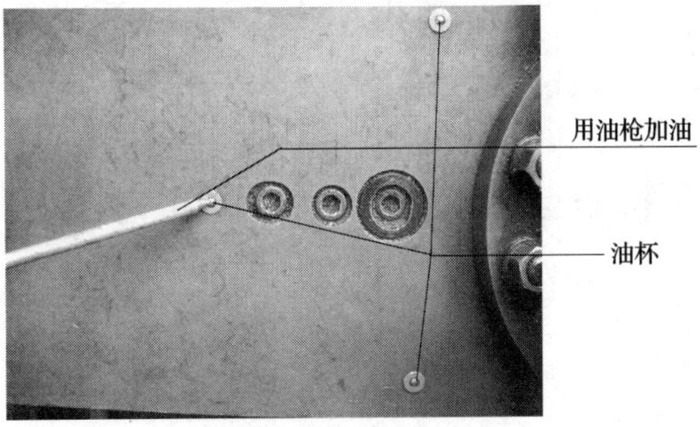
钙基润滑脂		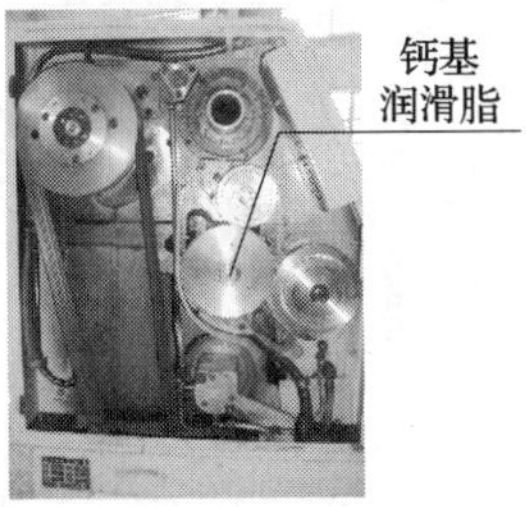

（2）解释下图所示 CA6140 润滑图的含义。

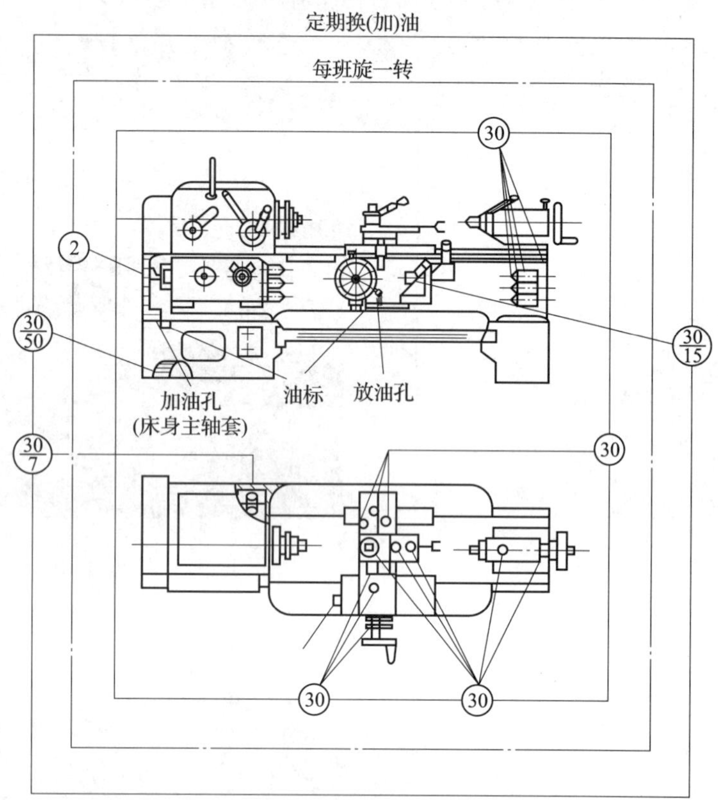

评价与分析

活动过程评价表

班级		姓名		学号		日期	年 月 日
序号	评价要点				配分	得分	总评
1	能说出车床安全操作规程				10		A□（86－100） B□（76－85） C□（60－75） D□（60 以下）
2	能说出车床纵向进给量变化时的手柄、手轮位置				5		
3	能说出车削螺距为 1 mm 的米制螺纹时，各手柄的位置				10		
4	能写出床鞍刻度盘、中滑板刻度盘、小滑板刻度盘的使用方法				10		
5	能说出空行程消除方法				10		

续表

班级		姓名		学号		日期	年　月　日
序号	评价要点				配分	得分	总评
6	能说出尾座套筒固定及尾座固定在床身上的操作方法				10		A□（86－100） B□（76－85） C□（60－75） D□（60 以下）
7	能说出车刀刃磨的技术要求				15		
8	掌握车床正转、反转的操作方法				10		
9	能对机床进行日常保养				10		
10	能严格遵守作息时间				5		
11	及时完成老师布置的任务				5		
小结建议							

安全提示

（1）当床鞍快速行进到离主轴箱或尾座有一定距离时，应立即放开快进按钮，停止快进，以避免床鞍撞击主轴箱或尾座。

（2）把手柄扳至横向进给位置时，按下快进按钮实现刀架快速横向移动。

（3）当中滑板前、后伸出床鞍足够远时应立即放开快进按钮，停止快进，避免因中滑板悬伸太长而使燕尾导轨受损，影响运动精度。

（4）当刀架上装有车刀时，转动刀架时，其上的车刀也随同而动，应避免车刀与工件或卡盘相撞。必要时，在刀架转位前可将中滑板远离工件的方向退出适当距离。

（5）在离卡盘或尾座的一定距离处，可用金属笔在导轨上画出一条安全警示线；也可在中滑板伸出的极限位置附近画出一条安全警示线。

活动 3　分析图样，确定加工方法和步骤

学习目标

- 能正确分析铰手架图样。
- 能根据工艺卡确定铰手架加工方法与步骤。

建议学时：2 学时

学习准备

铰手架图样、工艺卡、教材。

学习过程

1. 分析铰手架图样。

序号	定形尺寸	定位尺寸	绘图基准	图形特点

2. 小组讨论，制定铰手架加工工艺步骤。

工序	工步	操作内容	精度要求	主要工量具

评价与分析

活动过程评价表

<table>
<tr><th>班级</th><th></th><th>姓名</th><th></th><th>学号</th><th></th><th>日期</th><th>年　月　日</th></tr>
<tr><th>序号</th><th colspan="5">评价要点</th><th>配分</th><th>得分</th><th>总评</th></tr>
<tr><td>1</td><td colspan="5">能正确分析铰手架的表达方法</td><td>10</td><td></td><td rowspan="7">A□（86－100）
B□（76－85）
C□（60－75）
D□（60 以下）</td></tr>
<tr><td>2</td><td colspan="5">能正确分析铰手架的尺寸及技术要求</td><td>10</td><td></td></tr>
<tr><td>3</td><td colspan="5">能正确分析铰手架的加工方法</td><td>20</td><td></td></tr>
<tr><td>4</td><td colspan="5">能正确制定铰手架的加工工艺步骤</td><td>30</td><td></td></tr>
<tr><td>5</td><td colspan="5">与同学之间能相互合作</td><td>10</td><td></td></tr>
<tr><td>6</td><td colspan="5">能严格遵守作息时间</td><td>10</td><td></td></tr>
<tr><td>7</td><td colspan="5">及时完成老师布置的任务</td><td>10</td><td></td></tr>
<tr><td>小结
建议</td><td colspan="8"></td></tr>
</table>

活动 4　确定切削参数及零件加工的定位和装夹方法

学习目标

- 能确定切削加工参数。
- 能确定零件的定位和装夹方法。

建议学时：2 学时

学习准备

金属切削加工手册、教材。

学习过程

1. 分析下图所示工件各加工表面的特点（已加工表面、加工表面、待加工表面）。

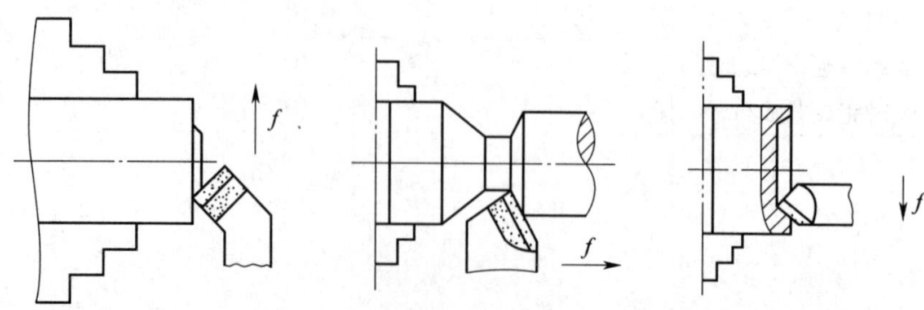

2. 查阅技术手册，了解切削参数的概念及确定原则。

（1）什么是背吃刀量？用什么字母表示？确定背吃刀量的原则有哪些？如果工件毛坯直径为 ϕ65 mm，一次进给车削至直径为 ϕ60 mm，那么背吃刀量是多少？

（2）什么是切削速度？用什么字母表示？确定切削速度的原则有哪些？如果工件毛坯直径为 ϕ65 mm，一次进给车削至直径为 ϕ60 mm，机床转速为 560 r/min，那么切削速度是多少？

（3）什么是车床主轴转速？用什么字母表示？确定主轴转速的原则有哪些？在 CA6140 型车床上把直径为 ϕ60 mm 的轴一次进给车削至 ϕ52 mm，如果选用切削速度为 90 m/min，那么背吃刀量和车床主轴转速选用多少合适？

3. 查阅相关资料，了解车削加工时刀具和工件的装夹。

（1）在装夹车刀时应注意哪些问题？

（2）安装车刀时出现如下图所示的情况，会对车削加工造成什么影响？

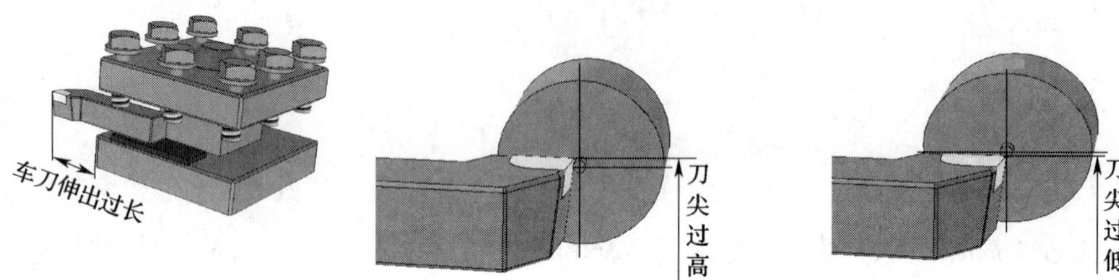

（3）工件装夹在三爪卡盘中应注意那些问题？

4. 查阅相关资料，确定各道工序的合理切削用量。

工步	背吃刀量	进给量	切削速度	工量刃具

评价与分析

活动过程评价表

<table>
<tr><td>班级</td><td></td><td>姓名</td><td></td><td>学号</td><td></td><td>日期</td><td>年　月　日</td></tr>
<tr><td>序号</td><td colspan="5">评价要点</td><td>配分</td><td>得分</td><td>总评</td></tr>
<tr><td>1</td><td colspan="5">能说出不同加工表面的特点</td><td>10</td><td></td><td rowspan="7">A□（86－100）
B□（76－85）
C□（60－75）
D□（60 以下）</td></tr>
<tr><td>2</td><td colspan="5">能说出切削参数的概念及确定原则</td><td>10</td><td></td></tr>
<tr><td>3</td><td colspan="5">能说出车削加工时刀具和工件的装夹方法</td><td>20</td><td></td></tr>
<tr><td>4</td><td colspan="5">能合理确定各道工序的切削用量</td><td>30</td><td></td></tr>
<tr><td>5</td><td colspan="5">与同学之间能相互合作</td><td>10</td><td></td></tr>
<tr><td>6</td><td colspan="5">能严格遵守作息时间</td><td>10</td><td></td></tr>
<tr><td>7</td><td colspan="5">及时完成老师布置的任务</td><td>10</td><td></td></tr>
<tr><td>小结
建议</td><td colspan="8"></td></tr>
</table>

活动5　车削加工铰手架零件

学习目标

- 能安全使用车床加工外圆。
- 能利用车床进行滚花操作。
- 能正确选择车刀。
- 能正确刃磨车刀角度。

建议学时：6学时

学习准备

工件材料、技术手册、教材。

学习过程

1. 查阅相关资料，写出在开机床前应注意什么？

2. 根据加工图样的要求，确定本次加工需选用哪几种车刀？各种车刀该如何刃磨？

序号	车刀类型	示意图	刃磨方法及要求

3. 结合车削加工铰手架零件，查阅资料说明车削时的注意事项。

4. 结合车削加工铰手架零件，说出滚花操作的目的是什么。

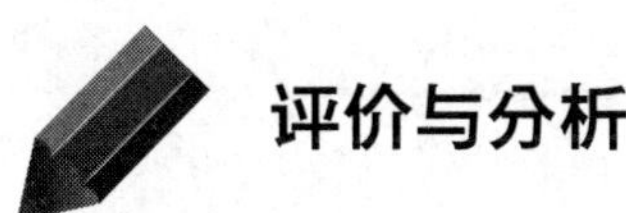

评价与分析

活动过程评价表

班级		姓名		学号		日期	年　月　日
序号	评价要点				配分	得分	总评
1	能画出车刀示意图并标出车刀几何角度				10		A□（86－100） B□（76－85） C□（60－75） D□（60 以下）
2	能安全使用车床加工外圆				15		
3	劳保用品穿戴整齐，着装符合要求				10		
4	能说出刃磨车刀的方法与步骤				15		
5	能说出车削时的注意事项				15		
6	能说出滚花操作的目的				15		
7	与同学之间能相互合作				10		
8	能严格遵守作息时间				5		
9	及时完成老师布置的任务				5		
小结 建议							

活动6 钳加工铰手架零件

学习目标

- 能遵守钳工安全操作规程进行安全操作。
- 能合理进行基准选择与工序划分。
- 能正确选择刀具与切削用量进行加工。
- 能按要求进行攻螺纹操作。

建议学时：16 学时

学习准备

工件材料 、丝锥、板牙、铰手架、锉刀、教材、钳工加工手册。

学习过程

1. 查阅相关资料，了解攻螺纹的加工过程、加工特点及应用范围。

2. 查阅相关资料，了解套螺纹的加工过程、加工特点及应用范围。

3. 攻螺纹时用的工具叫丝锥，查阅相关资料并结合下图，简述丝锥的构造、作用及安装方法。

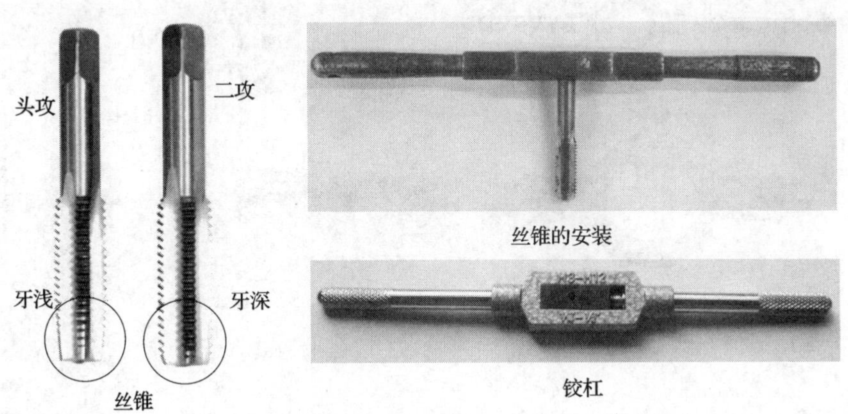

丝锥

丝锥的安装

铰杠

4. 结合下图，简述攻螺纹的要点。

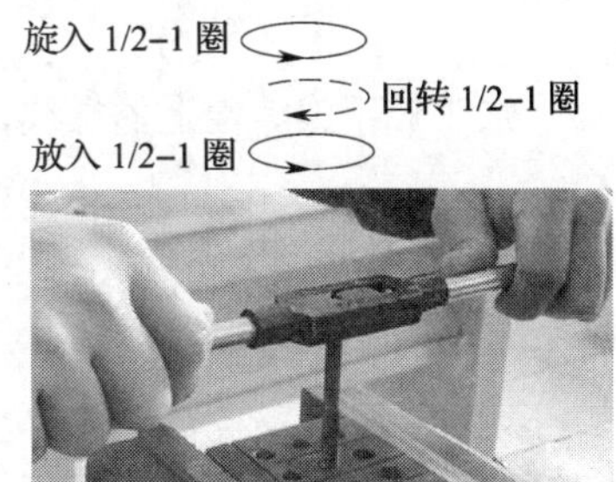

5. 攻螺纹前，要在工件上先预钻孔（称作底孔），然后再攻螺纹，如下图所示。加工铰手架零件时，底孔直径应如何确定？

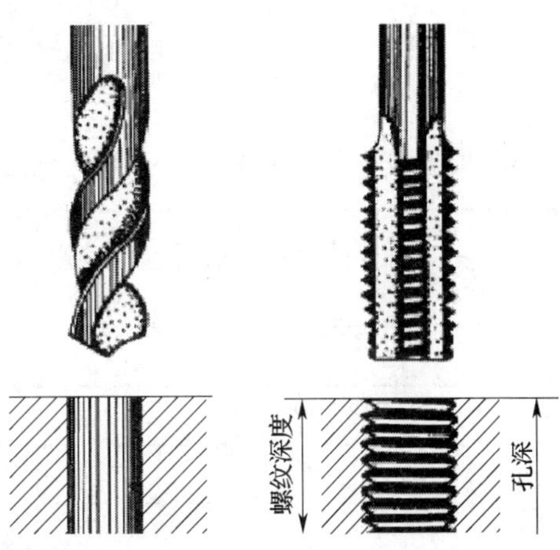

6. 结合下图，简述板牙的安装方法。

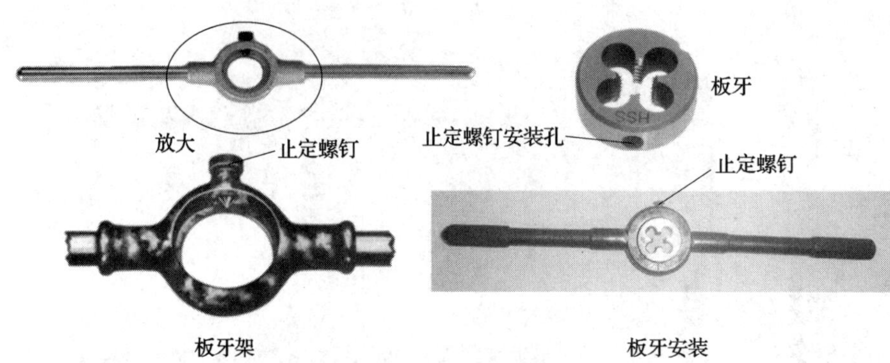

7. 加工铰手架零件上的螺纹，套丝前的圆杆直径应如何确定？

8. 根据铰手架零件的加工工艺，确定工量刃具清单。

序号	名称	规格	用途	备注
1				
2				
3				
4				
5				

9. 自行检测加工完成的铰手架零件，并记录数据。

序号	检测部位	形状精度	位置精度	尺寸精度	表面粗糙度
1					
2					
3					
4					
5					
6					
7					
8					

10. 分析在加工铰手架零件过程中，攻螺纹和套螺纹时出现的问题和产生原因。

出现问题	产生原因
螺纹乱牙	
螺纹滑牙	
螺纹歪斜	
螺纹形状不完整	
丝锥折断	

评价与分析

活动过程评价表

班级		姓名		学号		日期	年　月　日
序号	评价要点				配分	得分	总评
1	能说出加工铰手架零件时攻、套螺纹的要点				10		A□（86－100） B□（76－85） C□（60－75） D□（60 以下）
2	能说出加工铰手架零件时所用丝锥的构造及作用				15		
3	能确定加工铰手架零件时攻螺纹前底孔的直径				10		
4	能确定加工铰手架零件时套螺纹前的圆杆直径				15		
5	能说出攻螺纹和套螺纹时出现的问题和产生原因				15		
6	能正确选用工量刃具				15		
7	与同学之间能相互合作				10		
8	能严格遵守作息时间				5		
9	及时完成老师布置的任务				5		
小结 建议							

活动 7　完成铰手架的装配

学习目标

- 能遵守钳工安全操作规程进行安全操作。
- 能合理确定装配工艺步骤。
- 能保证装配精度。
- 能按要求完成预定功能。

建议学时：4 学时

学习准备

装配图样、锉刀、装配工艺卡、装配工具、教材。

学习过程

1．结合铰手架装配，叙述装配工艺规程。

2．铰手架装配前的准备工作有哪些?

3. 写出铰手架装配的工艺步骤。

4. 衡量铰手架装配精度的指标有哪些?

5. 如果大批量生产铰手架，可采用什么样的装配组织形式，为什么?

6. 铰手架装配的注意事项有哪些?

评价与分析

活动过程评价表

<table>
<tr><td>班级</td><td></td><td>姓名</td><td></td><td>学号</td><td></td><td>日期</td><td>年　月　日</td></tr>
<tr><td>序号</td><td colspan="5">评价要点</td><td>配分</td><td>得分</td><td>总评</td></tr>
<tr><td>1</td><td colspan="5">能说出装配工艺规程要点</td><td>10</td><td></td><td rowspan="10">A□（86－100）
B□（76－85）
C□（60－75）
D□（60 以下）</td></tr>
<tr><td>2</td><td colspan="5">能说出装配前的准备工作</td><td>15</td><td></td></tr>
<tr><td>3</td><td colspan="5">能确定铰手架装配的步骤</td><td>15</td><td></td></tr>
<tr><td>4</td><td colspan="5">能说出衡量铰手架装配精度的指标</td><td>15</td><td></td></tr>
<tr><td>5</td><td colspan="5">能说出铰手架装配的组织形式</td><td>5</td><td></td></tr>
<tr><td>6</td><td colspan="5">能表述铰手架装配的注意事项</td><td>5</td><td></td></tr>
<tr><td>7</td><td colspan="5">能确定铰手架装配尺寸链，计算增环、减环、封闭环</td><td>15</td><td></td></tr>
<tr><td>8</td><td colspan="5">能与同学之间相互合作</td><td>10</td><td></td></tr>
<tr><td>9</td><td colspan="5">能严格遵守作息时间</td><td>5</td><td></td></tr>
<tr><td>10</td><td colspan="5">能及时完成老师布置的任务</td><td>5</td><td></td></tr>
<tr><td>小结
建议</td><td colspan="8"></td></tr>
</table>

活动 8　工作总结、成果展示、经验交流

学习目标

- 能正确规范撰写工作总结。
- 能采用多种形式进行成果展示。
- 能进行经验交流。

建议学时：2 学时

学习准备

制件、书面总结。

学习过程

1. 写出铰手架制作的工作总结。

2. 写出铰手架制作的成果展示方案。

3. 写出经验推广与交流方法。

评价与分析

活动过程评价自评表

班级		姓名		学号		日期	年　月　日		
评价指标	评价要素				权重	等级评定			
						A	B	C	D
信息检索	能有效利用网络资源、工作手册查找有效信息				5%				
	能用自己的语言有条理地去解释、表述所学知识				5%				
	能将查找到的信息有效转换到工作中				5%				
感知工作	是否熟悉工作岗位，认同工作价值				5%				
	在工作中，是否获得满足感				5%				
参与状态	与教师、同学之间是否相互尊重、理解、平等				5%				
	与教师、同学之间是否能够保持多向、丰富、适宜的信息交流				5%				
	探究学习，自主学习不流于形式，处理好合作学习和独立思考的关系，做到有效学习				5%				
	能提出有意义的问题或能发表个人见解；能按要求正确操作；能够倾听、协作、分享				5%				
	积极参与，在产品加工过程中不断学习，提高综合运用信息技术的能力				5%				
学习方法	工作计划、操作技能是否符合规范要求				5%				
	是否获得了进一步发展的能力				5%				
工作过程	遵守管理规程，操作过程符合现场管理要求				5%				
	平时上课的出勤情况和每天完成工作任务情况				5%				
	善于多角度思考问题，能主动发现、提出有价值的问题				5%				

续表

<table>
<tr><td>班级</td><td></td><td>姓名</td><td></td><td>学号</td><td></td><td>日期</td><td colspan="3">年 月 日</td></tr>
<tr><td rowspan="2">评价指标</td><td colspan="4" rowspan="2">评价要素</td><td rowspan="2">权重</td><td colspan="4">等级评定</td></tr>
<tr><td>A</td><td>B</td><td>C</td><td>D</td></tr>
<tr><td>思维状态</td><td colspan="4">是否能发现问题、提出问题、分析问题、解决问题、创新问题</td><td>5%</td><td></td><td></td><td></td><td></td></tr>
<tr><td rowspan="4">自评反馈</td><td colspan="4">按时按质完成工作任务</td><td>5%</td><td></td><td></td><td></td><td></td></tr>
<tr><td colspan="4">较好地掌握了专业知识点</td><td>5%</td><td></td><td></td><td></td><td></td></tr>
<tr><td colspan="4">具有较强的信息分析能力和理解能力</td><td>5%</td><td></td><td></td><td></td><td></td></tr>
<tr><td colspan="4">具有较为全面严谨的思维能力并能条理明晰地表述成文</td><td>5%</td><td></td><td></td><td></td><td></td></tr>
<tr><td colspan="5">自评等级</td><td colspan="5"></td></tr>
<tr><td>有益的经验和做法</td><td colspan="9"></td></tr>
<tr><td>总结反思建议</td><td colspan="9"></td></tr>
</table>

等级评定：A：好 B：较好 C：一般 D：有待提高

活动过程评价互评表

<table>
<tr><td>班级</td><td></td><td>姓名</td><td></td><td>学号</td><td></td><td>日期</td><td colspan="3">年 月 日</td></tr>
<tr><td rowspan="2">评价指标</td><td colspan="4" rowspan="2">评价要素</td><td rowspan="2">权重</td><td colspan="4">等级评定</td></tr>
<tr><td>A</td><td>B</td><td>C</td><td>D</td></tr>
<tr><td rowspan="3">信息检索</td><td colspan="4">能有效利用网络资源、工作手册查找有效信息</td><td>5%</td><td></td><td></td><td></td><td></td></tr>
<tr><td colspan="4">能用自己的语言有条理地去解释、表述所学知识</td><td>5%</td><td></td><td></td><td></td><td></td></tr>
<tr><td colspan="4">能将查找到的信息有效地转换到工作中</td><td>5%</td><td></td><td></td><td></td><td></td></tr>
<tr><td rowspan="2">感知工作</td><td colspan="4">是否熟悉自己的工作岗位，认同工作价值</td><td>5%</td><td></td><td></td><td></td><td></td></tr>
<tr><td colspan="4">在工作中，是否获得满足感</td><td>5%</td><td></td><td></td><td></td><td></td></tr>
</table>

续表

班级		姓名		学号		日期	年　月　日		
评价指标	评价要素				权重	等级评定			
						A	B	C	D
参与状态	与教师、同学之间是否相互尊重、理解、平等				5%				
	与教师、同学之间是否能够保持多向、丰富、适宜的信息交流				5%				
	能处理好合作学习和独立思考的关系，做到有效学习				5%				
	能提出有意义的问题或能发表个人见解；能按要求正确操作；能够倾听、协作、分享				5%				
	积极参与，在产品加工过程中不断学习，综合运用信息技术的能力提高很大				5%				
学习方法	工作计划、操作技能是否符合规范要求				5%				
	是否获得了进一步发展的能力				5%				
工作过程	是否遵守管理规程，操作过程符合现场管理要求				5%				
	平时上课的出勤情况和每天完成工作任务情况				5%				
	是否善于多角度思考问题，能主动发现、提出有价值的问题				5%				
思维状态	是否能发现问题、提出问题、分析问题、解决问题、创新问题				5%				
互评反馈	能严肃认真地对待互评				10%				
互评等级									
简要评述									

等级评定：A：好　B：较好　C：一般　D：有待提高

活动过程教师评价表

<table>
<tr><th>班级</th><th colspan="2"></th><th>姓名</th><th></th><th>学号</th><th></th><th>权重</th><th>评价</th></tr>
<tr><td rowspan="4">知识策略</td><td rowspan="2">知识吸收</td><td colspan="5">能设法记住要学习的内容</td><td>3%</td><td></td></tr>
<tr><td colspan="5">使用多样性手段，通过网络、技术手册等收集到较多有效信息</td><td>3%</td><td></td></tr>
<tr><td>知识构建</td><td colspan="5">自觉寻求不同工作任务之间的内在联系</td><td>3%</td><td></td></tr>
<tr><td>知识应用</td><td colspan="5">将学习到的内容应用到解决实际问题中</td><td>3%</td><td></td></tr>
<tr><td rowspan="3">工作策略</td><td>兴趣取向</td><td colspan="5">对课程本身感兴趣，熟悉自己的工作岗位，认同工作价值</td><td>3%</td><td></td></tr>
<tr><td>成就取向</td><td colspan="5">学习的目的是获得高水平的成绩</td><td>3%</td><td></td></tr>
<tr><td>批判性思考</td><td colspan="5">谈到或听到一个推论或结论时，会考虑到其他可能的答案</td><td>3%</td><td></td></tr>
<tr><td rowspan="11">管理策略</td><td>自我管理</td><td colspan="5">若不能很好地理解学习内容，会设法找到该任务相关的其他资讯</td><td>3%</td><td></td></tr>
<tr><td rowspan="5">过程管理</td><td colspan="5">正确回答材料和教师提出的问题</td><td>3%</td><td></td></tr>
<tr><td colspan="5">能根据提供的材料、工作页和教师指导进行有效学习</td><td>3%</td><td></td></tr>
<tr><td colspan="5">针对工作任务，能反复查找资料、反复研讨，编制有效工作计划</td><td>3%</td><td></td></tr>
<tr><td colspan="5">在工作过程中，留有研讨记录</td><td>3%</td><td></td></tr>
<tr><td colspan="5">团队合作中，主动承担完成任务</td><td>3%</td><td></td></tr>
<tr><td>时间管理</td><td colspan="5">有效组织学习时间和按时按质完成工作任务</td><td>3%</td><td></td></tr>
<tr><td rowspan="4">结果管理</td><td colspan="5">在学习过程中有满足、成功与喜悦等体验，对后续学习更有信心</td><td>3%</td><td></td></tr>
<tr><td colspan="5">根据研讨内容，对讨论知识、步骤、方法进行合理的修改和应用</td><td>3%</td><td></td></tr>
<tr><td colspan="5">课后能积极有效地进行学习的自我反思，总结学习的长短之处</td><td>3%</td><td></td></tr>
<tr><td colspan="5">规范撰写工作小结，能进行经验交流与工作反馈</td><td>3%</td><td></td></tr>
</table>

续表

<table>
<tr><th>班级</th><th colspan="2"></th><th>姓名</th><th></th><th>学号</th><th></th><th>权重</th><th>评价</th></tr>
<tr><td rowspan="13">过程状态</td><td rowspan="2">交往状态</td><td colspan="5">与教师、同学之间交流语言得体，彬彬有礼</td><td>3%</td><td></td></tr>
<tr><td colspan="5">与教师、同学之间保持多向、丰富、适宜的信息交流和合作</td><td>3%</td><td></td></tr>
<tr><td rowspan="2">思维状态</td><td colspan="5">能用自己的语言有条理地去解释、表述所学知识</td><td>3%</td><td></td></tr>
<tr><td colspan="5">善于多角度思考问题，能主动提出有价值的问题</td><td>3%</td><td></td></tr>
<tr><td>情绪状态</td><td colspan="5">能自我调控好学习情绪，能随着教学进程或解决问题的全过程而产生不同的情绪变化</td><td>3%</td><td></td></tr>
<tr><td>生成状态</td><td colspan="5">能总结当堂学习所得，或提出深层次的问题</td><td>3%</td><td></td></tr>
<tr><td rowspan="2">组内合作过程</td><td colspan="5">分工及任务目标明确，并能积极组织或参与小组工作</td><td>3%</td><td></td></tr>
<tr><td colspan="5">积极参与小组讨论并能充分地表达自己的思想、或意见</td><td>3%</td><td></td></tr>
<tr><td rowspan="3">组际总结过程</td><td colspan="5">能采取多种形式，展示本小组的工作成果，并进行交流反馈</td><td>3%</td><td></td></tr>
<tr><td colspan="5">对其他组学生提出的疑问能做出积极有效的解释</td><td>3%</td><td></td></tr>
<tr><td colspan="5">认真听取其他组的汇报发言，并能大胆质疑或提出不同意见或更深层次的问题</td><td>3%</td><td></td></tr>
<tr><td>工作总结</td><td colspan="5">规范撰写工作总结</td><td>3%</td><td></td></tr>
<tr><td>自评</td><td>综合评价</td><td colspan="5">按照《活动过程评价自评表》，严肃认真地对待自评</td><td>5%</td><td></td></tr>
<tr><td>互评</td><td>综合评价</td><td colspan="5">按照《活动过程评价互评表》，严肃认真地对待互评</td><td>5%</td><td></td></tr>
<tr><td colspan="7">总评等级</td><td colspan="2"></td></tr>
<tr><td>建议</td><td colspan="8">评定人：（签名）　　　　年　　月　　日</td></tr>
</table>

等级评定：A：好　B：较好　C：一般　D：有待提高

制件评价

一、展示评价

把个人制作好的制件先进行分组展示，再由小组推荐代表作必要的介绍。在展示的过程中，以组为单位进行评价；评价完成后，根据其他组成员对本组展示成果的评价意见进行归纳总结。主要评价项目如下：

1．展示的产品是否符合技术标准？

合格□　　不良□　　返修□　　报废□

2．与其他组相比，本小组的产品工艺是否合理？

工艺优化□　　工艺合理□　　工艺一般□

3．本小组介绍成果时，表达是否清晰合理？

很好□　　一般，需要补充□　　不清晰□

4．本小组演示产品检测方法时，操作是否正确？

正确□　　部分正确□　　不正确□

5．本小组演示操作时，是否遵循了“6S”的工作要求吗？

符合工作要求□　　忽略了部分要求□　　完全没有遵循 □

6．本小组的成员团队创新精神如何？

良好□　　一般 □　　不足□

7．总结这次任务，本组是否达到学习目标？你给予本组的评分是多少？对本组的建议是什么？

学生：（签名）________　　________年________月________日

二、教师对展示的作品分别作评价

1．针对展示过程中各组的优点进行点评。

2．针对展示过程中各组的缺点进行点评，提出改进方法。

3．总结整个任务完成中出现的亮点和不足。

三、综合评价

指导教师：（签名）________　　________年________月________日